초등 1학년이
6년을
결정한다

바쁜 학부모를 위한 1학년 핵심 지침서

초등 1학년이 6년을 결정한다

박성철 지음

아이스크림북스

초등 1학년 시작이
미래를 좌우한다

얼굴이 시릴 정도로 찬 바람이 쌩쌩 불던 겨울이 지나고 파릇파릇한 새싹 향기가 실린 봄바람이 솔솔 불어오는 계절이 오면 학교는 분주해집니다. 곧 입학할 1학년 아이들을 맞이할 준비를 하느라 정신이 없기 때문입니다.

하지만 학교보다 더 분주하고 바쁜 곳이 있습니다. 바로 1학년 입학생을 자녀로 둔 부모님들의 마음입니다.

이 지구상에 내 아이만큼 소중하고 예쁜 사람은 없습니다. 그런 아이를 처음 공교육이 시작되는 학교에 보내야 하는데, 어떻게 긴장되지 않고 걱정되지 않을 수 있겠습니까?

'어떻게 해야 내 아이가 초등학교에 잘 적응하고 잘 생활할 수 있을까?'

지금도 이 고민으로 예비 학부모님들의 마음이 분주하실 거예요. 아마 여러 교육 사이트를 검색해 보고, 이미 학부모 n년 차인 주변 지인들에게도 물어보고, 다양한 책을 찾아보며 이런저런 정보를 얻고 계시겠지요.

저 역시 그런 시절을 거쳤습니다. 수많은 자녀교육 책을 읽고, 현장에서 1~2학년 담임을 오랫동안 해 온 경험을 살려 내 아이를 잘 키워 보겠다는 의지로 가득 찼던 시기 말입니다.

그런 노력과 고민의 시간을 거치며 아이의 1학년을 준비했던게 엊그제 같은데, 어느새 그 아이들이 훌쩍 커서 원하는 대학에 진학한 대학생들이 되었습니다. 돌이켜 보면 1학년 시기에 학교에 잘 적응하고, 무탈하고 행복하게 그 시기를 잘 보냈기에 아이들이 원하는 대학으로 진학하지 않았나 하는 생각이 듭니다.

매년 자녀의 초등학교 입학을 앞두고 갈팡질팡하는 예비 학부모님들을 보면서 저만의 현장 경험과, 내 아이들을 키운 경험을 바탕으로 '초등학교 1학년 자녀 입문서'를 쓰고 싶었습니다. 옆에서 편안한 이야기를 들려주듯 친절하고 세밀하게요.

그 마음을 담아 만든 책이 바로 『초등 1학년이 6년을 결정한다』입니다.

이 책은 귀하디귀한 내 아이를 정말 잘 키우고 싶은데 당장 무엇부터 해야 내 아이가 초등학교에 잘 적응할지 고민되는 학부모, 여기저기 기웃거리지 않아도 책 한 권에서 모든 지식과 정보를 얻고 싶은 예비 초등학교 1학년 학부모를 위한 책입니다.

저는 이 책이 그분들의 인생 앞에 가만히 놓아 드릴 수 있는 책이라고 자부합니다. 그리고 초등학교 1학년 부모님들에게 학교생활 입문서로서 해답을 주는 책이기를 바랍니다. 그래서 훗날 아이가 초등학교를 졸업할 때, 그리고 대학에 입학하게 될 때

'아, 내 아이가 처음 초등학교 1학년에 입학할 때 그 책이 많은 도움이 되었지.' 하는 생각이 절로 떠오르기를 소망합니다. 그것이 이 책을 쓴 저자이자 교사이자 학부모인 저의 소박한 바람입니다.

박성철

목차

1장 1학년 아이 바로 알기

2장 1학년 학부모 수업
① 선생님 관점에서 아이 이해하기

초등학교 입학 전 체크리스트

구분	준비 사항	확인
건강 관리 및 위생 습관	일찍 일어나고 일찍(밤 9시 이전) 잠자리에 드나요?	
	아침, 저녁에 스스로 세수하나요?	
	규칙적인 시간에 식사하나요?	
	아침 식사를 하나요?	
	편식하지 않고 음식을 골고루 씹어 먹나요?	
	식사 후에 스스로 이를 닦나요?	
	스스로 손을 씻나요?	
	화장실 사용법을 잘 알고 있나요? (노크, 용변 방법 등)	
	휴지를 사용한 후에는 쓰레기통에 버리나요?	
생활 습관	어른이 부르면 "네." 하고 대답하나요?	
	어른 앞에서 예의 바르게 행동하나요?	
	어른에게 존댓말을 쓰나요?	
	친구에게 바른 말을 사용하나요?	
	친구에게 "안녕?" 하고 인사하나요?	
	"저는 ○○○입니다."라고 씩씩하고 말할 수 있나요?	
	친구들과 짝을 지어 사이좋게 지내나요?	
	무엇이든 스스로 하려고 하나요?	
	약속을 잘 지키나요?	
	젓가락질을 올바르게 하나요?	
	스스로 옷을 입고 벗을 줄 알며 잘 정돈하나요?	

생활 습관	스스로 장난감이나 물건을 정리하나요?
	물건을 아껴 쓰나요?
	질서와 규칙을 지킬 수 있나요?
	도움을 받았을 때 "고맙습니다."라고 말할 수 있나요?
	잘못했을 때 "미안합니다."라고 말할 수 있나요?
	TV, 컴퓨터, 스마트폰 이용 시간을 하루 1시간으로 제한하나요?
공부 습관	연필을 바르게 잡을 수 있나요?
	내 이름을 쓸 수 있나요?
	바른 자세로 의자에 앉을 수 있나요?
	스스로 책상을 정리할 수 있나요?
	학용품 사용 방법을 알고 있나요?
	숫자 개념을 이해하고 있나요?
	내 생각이나 느낌을 표현할 수 있나요?
안전 교육	길을 건널 때 반드시 횡단보도나 육교를 이용하나요?
	집 주소, 전화번호, 부모님 성함을 외우고 있나요?
	학교 가는 길을 익히고 있나요?
	학교 시설물을 미리 둘러보았나요?

Tip 입학 전 건강 상태 확인하기

· 입학 전 건강 상태를 미리 확인하여 학교생활에 지장이 없도록 해요.
· 평생의 구강 건강은 초등학교 시기에 어떻게 관리하느냐에 좌우되므로 올바른 칫솔질 습관을 길러요.
· 멀리 볼 때 눈을 가늘게 뜨는 어린이는 시력이 나쁠 가능성이 있으므로 시력 검사를 해요.

1학년 아이
바로 알기

입학식. 참 설레는 말입니다. 어릴 적 곱게 키운 내 아이가 유치원을 졸업하고 초등학교에 입학하는 일은 뿌듯하면서도 알 수 없는 감정에 휩싸이게 합니다. 자녀의 초등학교 입학을 앞둔 부모들의 마음에는 아직 어린 아이를 유치원과는 확연히 다른 초등학교에 보내면서 많은 두려움과 걱정이 생기게 마련입니다.

초등학교 선생님들이 자주 하는 말 중에 이런 우스갯소리가 있습니다.

"초등학교 1학년 학부모의 수준은 초등학교 1학년하고 똑같다."

부모가 수많은 정보를 수집하고 준비하여 아이를 학교에 보내지만 현실은 영 딴판일 때가 많습니다. 그럴지라도 많이 알면 알수록 좋은 것이 내 아이 교육과 관련한 정보입니다. 부모가 꼭 알아야 할 중요한 정보는 무엇일까요? 어느 초등학교가 좋고 어느 학원이 좋으냐가 아니라 초등학교 1학년 시기 아이의 발달 상태를 정확히 이해해야 합니다.

그렇다면 초등학교 입학을 앞둔 학부모가 가장 먼저 해야 할 일은 무엇일까요? 글자를 익히고 셈을 익히고 영어를 하는, 그런 학습적인 부분일까요? 물론 이것도 중요하지만 더 중요한 것이 있습니다. 많은 부모님이 잊고 있는 것은 바로 내 아이를 객관적으로 바라보는 것, 바로 1학년 아이들의 특성을 아는 것입니다. 과연 1학년 아이들에게는 어떤 특성이 있을까요? 그 시기 아이들의 특성에 맞추어 내 아이를 어떻게 키울지 함께 살펴봅니다.

나를 중심으로 생각하고 말해요

"선생님, 나 글씨 잘 썼죠?"

"선생님, 나 책 잘 읽죠?"

"나는 이것 못 해요."

이처럼 1학년 아이들은 대부분 '나'라는 말을 붙입니다. 즉, 긍정적이든 부정적이든 자기중심적 사고를 하게 마련입니다. 이는 1학년 아이들의 대표적인 특성 중 하나입니다.

1학년 아이들은 자신을 객관적으로 파악하는 것이 어렵습니다. 내가 무엇을 잘하고, 무엇을 못하며, 어떤 점이 부족한지 정확하게 파악하기 어려워서 늘 '나'를 기준으로 삼는 경향이 있습니다.

이런 행동 특성을 본 부모가 내 아이의 못하는 부분을 다른 친구들과 비교하면 아이는 자신을 부정적으로 사고하게 됩니다.

따라서 1학년 부모님들은 내 아이와 다른 아이를 비교해서는 절대로 안 됩니다.

"○○이는 영어를 참 잘하던데."

"○○이는 인사를 참 잘하던데."

이런 말로 다른 아이와 내 아이를 비교하는 것은 금물입니다.

내 아이가 다른 친구들보다 배움이나 행동이 늦고 부족하더라도 부모라면 절대 비교해서는 안 됩니다. 그 대신 긍정적인 보상 체계를 제시하면 1학년 아이들은 신이 나서 더 열심히 하려고 합니다. 부모님들은 이처럼 자기중심적 사고를 하는 자녀에게 도움이 되는 행동과 말을 하여 내 아이의 자신감을 불러일으켜 주어야 합니다.

아는 것도 확인하고 물어봐요

1학년 아이들은 아는 것도 자꾸만 물어보는 경향이 있습니다.

"엄마, 이렇게 하는 것 맞아?"

"엄마, 코끼리는 귀가 크지?"

이렇게 뻔한 질문을 아이가 반복할 때 부모님이 하지 말아야 할 말이 있습니다.

"그것도 몰라?"

"알면서 왜 똑같은 질문을 계속하니?"

이렇게 말하면 안 됩니다. 아이들이 아는 것도 자꾸 묻는 데는 두 가지 이유가 있습니다. 첫째는 자신이 알고 있다는 사실을 자랑하고 싶을 때이고, 둘째는 잘한 것 같기는 한데 진짜 잘한 것인지 불안해서 확인하고 싶은 때입니다.

따라서 이 시기 아이들에게는 부모가 차근차근 설명해 주어야 합니다. "너 알고 있잖아."가 아니라 "이건 이런 거야. 잘 알겠지?"라고 충분히 공감하며 설명해 주면 됩니다. 그러고 나서 "이제 우리 ○○이가 ○○에 대해서는 까먹지 않고 잘 기억할 거야."라고 말해 주면 아이는 똑같은 질문을 반복하지 않게 됩니다.

무엇이든 빨리하려고 해요

1학년 교실에서 거의 매일같이 들려오는 소리가 있습니다.

"선생님, 저 다 했어요!"

거의 하루도 빠지지 않고 1학년 아이들 입에서 이런 말이 터져 나옵니다. 그 이유는 무엇일까요?

1학년 아이들에게는 무엇이든 남보다 빨리하고 싶어 하는 특성이 있기 때문입니다. 그것이 자신의 실력이라고 믿는 경향이 강해서, 굳이 그렇게 말하지 않아도 된다고 가르쳐도 아이들 입에서는 늘 비슷한 말이 툭툭 튀어나옵니다. 1학년들은 자신이 다 했다는 사실을 알림으로써 '남보다 내가 더 잘해.'라고 생각합니다. 그래서 실제로는 꼼꼼히 하지 않고 대충 했어도 다 했다고 말하곤 하는 것이지요.

이때 '빨리하는 것이 잘하는 것'이라고 여기는 아이들의 생각을 바로잡아 줄 필요가 있습니다. 빨리하는 것보다 무엇이든 꼼꼼히 잘 마무리 짓는 것이 중요하다고 말이지요. 이에 따라 문제집, 받아쓰기, 그림 그리기 등을 다 하고 난 뒤에 다시 한번 살펴보는 습관을 길러 줄 필요가 있답니다.

나와 주변의 이야기를 많이 해요

예를 들어 수업 시간에 선생님이 식사 습관에 관해 이야기하면 1학년 아이들은 곧잘 이렇게 말하곤 합니다.

"나는 통닭을 좋아해요!"

"우리 동생은 젓가락질을 잘 못해요."

"사촌 동생은 고기만 먹어요."

공통점을 찾으셨나요? 바로 자신과 관련된 이야기를 한다는 것입니다.

1학년 아이들은 자신과 관련된 이야기를 시도 때도 없이 합니다. 즉, 개인적인 일을 모두의 일처럼 이야기하는 습관이 있는 것입니다. 그 이유는 1학년 아이들의 발달 단계에서는 자신의 경험

이상의 것을 생각하거나 표현하기가 힘들기 때문입니다. 그럴 때는 이렇게 말해 주면 효과적입니다.

"응, 그랬구나. 식사를 할 때 모든 사람은 편식을 하면 안 된단다. 편식을 하지 않아야 건강한 몸이 될 수 있단다."

바로 개인의 이야기가 아니라 전체의 이야기로 관점을 확장해 주는 것이지요.

1학년 아이들이 자신과 관련하여 개인적인 이야기를 하는 것은 당연한 일이므로, 말 자체를 가로막거나 하지 말라고 가르칠 필요는 없습니다. 학년이 올라갈수록 점점 사고가 확장되기 때문에 개인적인 이야기를 많이 하는 습관은 자연스럽게 사라질 테니까요.

균형 감각과 손 조작 능력이 완전하지 않아요

운동회나 체육 수업 시간에 달리기 시합을 하면 1학년 아이들에게 꼭 나타나는 현상이 있습니다. 바로 넘어지는 친구가 많다는 점입니다. 이는 아이들의 균형 감각이 아직 완성되지 않았기 때문인데요, 이런 경향은 1학년 1학기 초에 특히 많이 나타납니다. 또 소근육이 완전하게 발달하지 않아서 가위질이나 젓가락질 역시 원활하지 않은 편입니다.

그러나 1학기가 지나면 자연스럽게 소근육에 힘이 생겨 학교생활이나 수업에 지장을 주지 않으므로 특별히 걱정하거나 신경을 쓰지 않아도 됩니다. 다만, 가벼운 운동을 꾸준히 해서 신체 균형 감각이 발달하도록 해 주면 좋습니다. 또 올바른 식사 습관을 길러 주면 균형 감각과 소근육 발달에 도움이 됩니다.

이렇듯 1학년 아이들은 크게 다섯 가지 특징을 지니고 있습니다. 내 아이의 심리적, 발달 단계적, 신체적 특징을 잘 파악하고 그에 맞게 교육하는 것이 '내 아이 초등학교 보내기 프로젝트'의 1단계이자 좋은 출발점이 될 것입니다.

2장

1학년 학부모 수업

① 선생님 관점에서
아이 이해하기

학교는 아이가 하루의 절반을 생활하는 곳입니다. 가정에서와 비슷한 시간을 보내는 곳이기에 아이 인생에 결정적인 영향을 미치는 곳이기도 합니다. 그래서 가정에서 최선을 다해 아이를 가르치고 보살펴도 학교에 보낼 때가 되면 한 가지 의문이 생깁니다.

'내 아이가 학교에서 잘 생활하려면 어떻게 해야 할까? 선생님이 잘 가르치기만 하면 되는 것일까?'

학교에서 선생님이 아이를 잘 가르치려고 노력하는 것은 당연한 일입니다. 이것 말고 많은 부모님이 정작 놓치는 부분은 따로 있습니다. 그것은 바로 아이를 학교에 보내는 부모님이 학교와 선생님을 바라보는 시선입니다.

학교생활에 잘 적응하고 선생님께 사랑받는 아이들은 대부분 자기 아이를 객관적이고 올바른 시선으로 바라볼 줄 아는 부모님 밑에서 자란 아이들입니다.

그렇다면 아이를 처음 학교에 보내는 부모가 갖추어야 할 마음가짐은 무엇이고, 학교와 선생님을 바라보는 올바른 시선은 어떤 것일까요? 지금부터 알려 드리겠습니다.

학급 구성원으로서 '내 아이'를 인지해요

가장 중요한데도 부모님들이 자주 잊는 사실이 하나 있습니다. 학교, 특히 학급은 내 아이만 존재하는 곳이 아니라는 점입니다. 가정에서 내 아이는 세상에서 하나밖에 없는 소중한 존재이지만 학급에서 내 아이는 '20여 명 중 1명'입니다. 그러므로 학급 구성원으로서 내 아이를 객관적으로 바라보는 시선이 매우 중요합니다.

1학년 부모님들 중에는 '오직 내 아이만'을 위한 말과 행동을 하는 경우가 종종 있습니다. 그런 경우 십중팔구는 그 아이 역시 이기적인 성향을 보입니다. 즉, 부모의 말과 행동이 아이에게 지대한 영향을 미치는 것입니다.

교실은 단체 생활을 하는 공간이기에 모든 부모님의 욕심과 기준에 100% 부합할 수 없습니다. 조금 불만족스럽더라도 그 부분을 인정하고 내 아이 또한 학급 구성원 중 한 명이라고 생각해야 합니다. 선생님의 관점에서 '20여 명 중 1명'인 내 아이라고 생각하는 것은 학부모가 가져야 할 가장 기본 사고방식입니다. 그래야 내 아이를 객관적으로 바라볼 수 있으며, 그것이 내 아이가 발전하는 시작점입니다. 이 점을 절대 잊지 마세요.

생활 규칙을 미리 알려 줘요

교직 생활을 하면서 주로 1~2학년 담임을 맡아 온 저에게 아이들은 정말로 귀엽고 소중한 존재입니다. 그렇지만 모든 부분에서 마냥 잘한다고 칭찬하거나 귀여워해 주지는 않습니다. 학교는 개인만 존재하는 곳이 아니고 공동체 생활을 하는 곳이기 때문입니다. 특히 학교에서는 같은 시간에 친구들과 함께 배우고 행동해야 하므로, 정해진 기본 생활 규칙을 지키는 것이 몹시 중요합니다.

1학년 아이들이 반드시 지켜야 할 생활 규칙을 알아볼까요?

책상 정리 정돈하기, 가방 스스로 챙기기, 수업 시간 종이 울리면 교실로 돌아오기, 수업 시간에 선생님 말씀이 끝나기 전에 끼어들지 않기, 질문이나 발표를 할 때는 반드시 손을 들기, 화장실에 다녀오면 손을 씻기, 급식 시간에 밥과 반찬을 남기지 않기 등입니다. 물론 이 외에도 많습니다.

이러한 규칙을 지도하는 방법으로 '학교 놀이' 방식을 추천합니다. "○○야, 우리 학교 놀이 해 볼까?" 하고 부모님이 선생님이 되어 학교 상황을 가정해 아이와 역할놀이를 하는 것이지요. 이렇게 놀이 형식으로 하면 아이가 더욱 쉽고 재미있게 기본 생활 규칙을 습득할 수 있습니다. 부모가 미리 '생활 교육'을 해 주면 아이의 학교 적응력을 높일 뿐 아니라 선생님도 내 아이를 긍정적인 시선으로 바라보게 될 것입니다.

학교와 선생님에 관해 긍정적으로 말해요

저에게도 두 자녀가 있습니다. 지금은 둘 다 대학생입니다만, 그 아이들도 초등학생일 때가 있었습니다. 그 당시 제가 아이들에게 매년 해 준 이야기가 있습니다. 바로 아이들의 담임선생님에 관해 엄지손가락을 세워 보이며 무한 긍정으로 이야기해 준 것입니다.

"와, 너희 선생님 정말 대단하신데?"

"와, 선생님이 이런 것도 해 주셔?"

제가 그렇게까지 이야기한 이유는 아이들에게 선생님과 학교에 관한 긍정적인 사고를 심어 주기 위해서였습니다.

자, 한번 생각해 볼까요? 만일 내 아이가 부모님에게서 "너희 선생님은 왜 그러시냐?", "너희 선생님은 실력이 부족해." 등등 부정적인 이야기를 반복해서 듣는다면 어떻게 될까요?

'우리 선생님은 별로야.'

'우리 선생님은 실력이 없어.'

이런 생각으로 이어지겠지요? 그러면 학교에서 아이의 수업 태도와 생활 태도 역시 나빠질 수밖에 없을 겁니다. 선생님을 향한 존경심이 없고 선생님을 나쁘게 인식하고 있다면 수업 시간에 귀를 쫑긋 세우고 집중해서 들을 수 없을 것이며, 학교생활 역시 긍정적으로 할 수 없을 것입니다.

따라서 아이가 학교생활을 기쁜 마음으로 하기를 바란다면 학교와 담임선생님의 장점을 과할 정도로 좋게 들려주는 것이 좋습니다.

'우리 선생님은 최고니까 나도 열심히 해야지.'

'우리 학교가 최고의 학교라고? 정말 자랑스럽네.'

이런 긍정적인 생각을 하게 되면 내 아이의 생활 태도와 수업 태도 역시 좋은 영향을 받을 것입니다.

학교생활을 꾸준히 물어봐요

학교와 가정은 분명 다른 공간입니다만, 교육 측면에서 보면 결코 분리될 수 없는 공간이기도 합니다. 그 이유는 내 아이의 생활이 공유되는 곳이기 때문입니다.

따라서 아이가 학교에서 집으로 돌아오면 이런 질문을 많이 해 주세요.

"오늘 학교에서는 무엇을 했니?"

"오늘 가장 즐거웠던 일은 뭐니?"

"학교에서 무슨 생각을 했니?"

대체적으로 남자아이들은 학교생활 이야기를 스스로 잘 하지 않습니다. 그런 때는 부모님이 먼저 이런 질문을 많이 해 주면 좋습니다. 반면에 여자아이들은 집에 와서 학교에서 있었던 이야기를 먼저 꺼내는 경우가 많습니다. 이때 부모님께서는 말을 잘 들어 주고 관련된 질문을 하면서 이야기의 물꼬를 더 트이게 해 주는 것이 좋습니다.

이러한 과정은 아이의 정서에 안정감을 주고, 아이의 사고와 행동을 이해할 수 있다는 장점이 있습니다. 그러므로 집으로 돌아온 내 아이의 학교생활에 관심을 갖고 꾸준히 질문해 주는 것이 좋습니다.

아이를 객관적으로 바라봐요

앞에서도 언급했듯이 1학년 아이들에게는 '자기중심적 사고'를 하는 특성이 있습니다. 거의 모든 일을 자신이 바라본 관점에서만 이야기하는 것입니다.

제가 1학년 담임을 여러 번 하면서 알게 된 것은, 대부분의 사고나 친구 사이에 벌어진 다툼 등에서 한 아이만 일방적으로 잘못한 경우는 거의 없다는 점입니다. 서로의 잘못인 경우가 대부분이며, 내 아이가 집에 와서 전해 주는 이야기가 100% 진실이 아닐 수 있습니다. 그러니 사실 관계를 파악해야 하는 문제가 생겼을 때는 아이의 친구나 친구의 부모에게 물어봐서 상황을 객관적으로 들여다볼 필요가 있습니다. 그리고 더 궁금한 점이 있다면 담임선생님께 문의하는 것도 한 방법입니다.

'내 아이의 말이 진짜야. 내 아이는 거짓말을 안 해.'

이는 많은 부모님이 하는 생각이지만, 아이들의 말을 전부 믿어서는 안 됩니다. 또 내 아이가 거짓말을 했다고 해서 크게 실망할 필요도 없습니다. 1학년 아이가 거짓말을 하는 이유는 대부분 나쁜 버릇이 들어서가 아니라 단지 자기중심적 사고로 이야기하는 특성이 있기 때문입니다. 그러니 아이가 겪은 상황을 부모님이 객관적으로 판단하는 것이 중요합니다.

어떤가요? 선생님 관점에서 아이를 이해하는 다섯 가지 방법을 보니 이런 생각이 들지 않나요?

'내가 내 아이의 두 번째 학교 선생님이다.'

선생님의 관점에서 내 아이를 바라보면 아이를 이해하는 폭이 더욱 넓어져, 내 아이가 학교생활에 더 빠르게 적응하도록 도와줍니다. 또 선생님의 시각으로 내 아이를 바라보면 상황을 더욱 객관적으로 판단하게 되어, 내 아이를 올바른 방향으로 지도하고 성장시키는 데도 큰 도움이 됩니다.

3장

1학년 학부모 수업

② 공부하는
학부모 되기

아이가 초등학교에 입학하는 1학년 학부모들의 마음에는 두
가지 생각이 시소처럼 왔다 갔다 합니다. '잘할 수 있을까?'라는
두려움과 '잘할 거야.'라는 자신감입니다.

사실 막연한 두려움은 별로 걱정할 것이 없습니다. 아이들은
대부분 부모님의 걱정보다 훨씬 더 잘 적응하고 학교생활을 즐
거워하기 때문입니다.

하지만 근거 없는 자신감은 분명 경계해야 합니다. 그냥 둬도
아이가 잘 클 것 같지만 절대 그렇지 않기 때문입니다. 물론 근거
없는 자신감에도 한 가지 전제는 있습니다.

내 아이의 심리와 발달 단계를 이해하고 있는 부모는 아이를 훨씬 잘 키울 수 있습니다. 바꿔 말하면 부모가 아이 키우는 방법을 배우면 배울수록 아이를 훨씬 잘 키울 수 있다는 것입니다. 즉, 부모도 공부해야 합니다. 부모가 진정한 학(學)부모가 되어야 하는 필요성이기도 합니다.

자녀의 초등학교 입학을 앞둔 부모님의 상황을 비유하자면 바람개비를 들고 있는 모습과 비슷하다고 할 수 있습니다. 가만히 서 있거나 바람이 불지 않는다고 불평만 해서는 결코 바람개비가 돌아가지 않습니다. 바람개비가 잘 돌아가게 하려면 바람이 불거나 바람개비를 든 사람이 앞으로 달려 나가야 합니다.

부모님도 마찬가지입니다. 내 아이가 학교에 잘 적응하고 뛰어난 학생으로 성장하는 일은 결코 저절로 이루어지지 않으므로, 부모가 먼저 공부하며 많은 어려움을 헤치고 앞으로 나아가야만 합니다.

그렇다면 진정한 학(學)부모가 되는 좋은 방법에는 어떤 것들이 있을까요?

강연회를 활용해요

날이 갈수록 자녀교육에 관심이 높아지면서 자녀교육과 관련한 좋은 강의가 곳곳에서 많이 열리고 있습니다. 지난 몇 년간 코로나19 여파로 많은 사람이 모이는 강연회 문화가 많이 사라졌지만 올해부터 다시 강연회가 열리고 있습니다. 여건이 된다면 되도록 많이 참가해 보시기를 추천드립니다.

그 이유는 강연회에서 알짜 정보와 많은 자극을 얻을 수 있기 때문입니다. 정보를 얻는 것보다는 직접 강의를 듣고 '공부하는 학부모가 되어야 한다.'는 자극을 크게 받는 것이 강연회의 순기능이라고 생각합니다. 그뿐 아니라 자녀교육법도 어느 정도 정리할 수 있으므로 큰 도움이 됩니다. 시간과 비용을 들여 강연회에 참가한다면 반드시 더 큰 무언가를 얻게 될 것입니다.

오프라인 강연회에서는 온라인에서 다루지 못하는 실질적인 조언이 많이 오가는 등 온라인 강연회보다 확실히 큰 도움이 되지만 시간 제약과 비용 부담 면에서 자유롭지 못하다는 단점이 있습니다. 일하는 부모님들은 오프라인 강연회에 참가하기 어려운 경우가 훨씬 많으므로, 초등 1학년 부모님들에게 도움이 될 만한 유튜브 채널 몇 곳을 안내해 드리겠습니다.

교육대기자TV
방종임 교육전문기자가 다양한 교육계 리더를 만나 궁금증을 해결해 주는 채널입니다.

교집합 스튜디오
대한민국 학부모를 위한 실천적인 교육전문 채널입니다. 초등학교와 중학교 교육, 학습, 입시에 관한 최신 정보를 바탕으로 유익하고 재미있는 영상을 만듭니다.

최민준의 아들TV
남아 미술교육전문가 최민준이 '아들 교육 노하우'를 전하는 채널입니다.

성공하는 교육 오민아
대치동 학습컨설팅전문가 오민아 대표가 자녀의 성장을 진심으로 원하는 학부모님에게 도움이 되고자 만든 채널입니다.

어디든학교
현직 초등학교 교사 하유정 선생님이 초등 학습 콘텐츠와 학부모 교육 자료를 탑재하는 채널입니다.

하쌤엄마TV
26년 차 초등학교 교사 하건예 선생님이 초중고 자녀 교육과 고3 엄마 입시 경험담을 나누는 채널입니다.

*QR코드를 스캔하면 해당 채널로 연결됩니다.

'자녀교육서 읽기'로 관점을 넓혀요

잘 고른 자녀교육서는 내 아이를 교육하는 방향을 정립하는
데 큰 도움이 됩니다. 막연한 기대감과 확실하지 않은 지식만으
로는 아이를 키우기가 쉽지 않습니다. 책으로 1학년 아이의 심리
를 파악하고, 생활 지도법과 교과 지도법 등을 공부해야 합니다.
책에서 얻은 교육 지식을 내 아이에게 적용해 보면 분명 놀라운
효과를 얻게 될 것입니다.

Tip 내 아이를 이해하는 데 도움을 주는 책

『영혼이 강한
아이로 키워라』
조선미, 북하우스

『최민준의
아들코칭 백과』
최민준, 위즈덤하우스

『엄마의 말 연습』
윤지영, 카시오페아

『초등 엄마 교과서』
박성철, 길벗스쿨

『7~9세 독립보다
중요한 것은
없습니다』

이서윤, 아울북

『아이와 함께
자라는 부모』

서천석, 창비

『신의진의
초등학생 심리백과』

신의진, 갤리온

『믿는 만큼
자라는 아이들』

박혜란,
나무를심는사람들

최신 교육 정보를 모아요

정보 홍수 시대입니다. 그만큼 여기저기 산재한 정보 가운데 필요한 정보는 받아들이고, 거짓 정보나 불필요한 정보는 걸러 내는 능력이 중요해졌습니다. 좋은 정보를 고르는 능력을 키우고 자녀교육의 큰 그림을 그리는 데 유용한 웹사이트 몇 곳을 알려 드리겠습니다.

웹사이트	**아이스크림 홈런** (www.home-learn.co.kr) 학습자료실에 다양한 자료가 있으며, 뉴스룸 내 에듀뉴스에는 다양한 교육 정보가 연재되고 있어 자녀와 함께 보면 유의미할 것입니다. 더불어 시험 시즌에는 다양한 시험 자료를 무료로 배포하는 이벤트도 진행합니다.
	맘스쿨 (www.momschool.co.kr)
	e학습터 (cls.edunet.net)
	EBS 초등 사이트 (primary.ebs.co.kr)
카페	**우리 아이 책 카페** (cafe.naver.com/nowbook)
	기적의 공부방 (cafe.naver.com/gilbutschool)
	맘생처음 (cafe.naver.com/booksales)
	대한민국 상위1% 교육정보 커뮤니티 (cafe.naver.com/mathall)
	초등맘 (cafe.naver.com/mom79)
블로그	**늉샘** (blog.naver.com/sydsydt)
	아이표 초등 교육 (blog.naver.com/naksu11)
	멍멍샘의 교실 (blog.naver.com/haohao777)
	콩나물쌤 (blog.naver.com/truebk1981)

앞에서 언급했듯이 아이의 초등학교 입학을 앞둔 부모라면 '우리 아이가 잘할 수 있을까?'라는 두려움과 '우리 아이는 잘할 거야.'라는 자신감이 계속 시소처럼 왔다 갔다 합니다. 놀이터에 있는 시소를 한번 떠올려 보세요. 어느 한쪽으로 기울어진 채로 고정되어 있지 않나요?

마찬가지로 부모의 마음도 결국에는 어느 한쪽으로 기울게 마련입니다. '그래도 내 아이는 잘할 거야.'로 말이지요. 하지만 현실은 그렇지 못한 경우가 많습니다.

만일 당신이 학(學)부모가 되지 않는다면 '내 아이만은 잘할 거야.'라는 막연한 기대가 얼마나 헛된 것이었는지를 아이가 초등학교 졸업할 때쯤 깨닫고 후회할 수도 있습니다. 부단히 공부하여 진정한 학(學)부모가 되는 길만이 내 아이를 진정 행복한 인재로 키울 수 있는 가장 최선의 방법임을 잊지 마시기 바랍니다.

교과서를 한 권씩 더 준비해요

서울 강남에서 학부모님들을 모시고 강연회를 한 적이 있습니다. 강의가 끝난 후 질문 시간에는 질문이 속사포처럼 마구 쏟아

졌지요. 그런데 특이한 점은, 강남 엄마들은 질문의 해답을 이미 알고 있었습니다. 단지 저에게 질문을 던지는 이유가 확인받는 차원이라고 느껴질 정도였지요. 그중에서도 특히 기억에 남는 것은 강남 엄마들은 교과서가 왜 중요한지 아주 잘 알고 있었다는 점입니다.

강남 엄마들은 교과서를 두 권씩 마련하고 있었습니다. 그분들 대부분이 집에 교과서를 한 권씩 더 가지고 있는 이유가 무엇인지 지금부터 구체적으로 알아보겠습니다.

먼저 국어 교과서는 글 내용 이해도를 전체적으로 높이는 데 필요합니다. 학교에서는 국어 교과서를 고작 한두 번밖에 읽지 않습니다. 그러나 교과서에 나오는 동화, 시 등 장르가 다양한 글은 최소 네 번 정도는 읽어야 도움이 되고 이해도가 높아집니다. 이 사실을 강남 엄마들은 알고 있었고, 이미 실천하고 있었습니다.

수학은 특히 수학 익힘책이 중요합니다. 수학 익힘책은 수학 발전 학습의 기본 책이며, 교과서 문제에 매우 충실한 책이기도 합니다. 그렇기에 문제집으로 복습하는 것보다 집에서 수학 익힘책을 풀어 보는 것이 아주 큰 도움이 됩니다. 그런데 이 사실 역시 강남 엄마들은 진작에 알고 있었습니다.

진짜 정보란 바로 이런 게 아닐까요? 어느 학원이 좋고, 어느 강사가 뛰어나다는 것도 고급 정보이지만, 강남 엄마들처럼 교과서를 어떻게 활용해야 하는지를 정확히 아는 것이야말로 양질의 특급 정보라고 할 수 있을 것입니다.

특히 학교를 갓 입학한 1학년 아이에게 교과서는 그야말로 그리스도인에게 성경과도 같습니다. 교과서만 잘 파헤쳐도 아이들은 학교 시험에서 만점을 받을 수 있습니다.

둘 다 교사인 우리 부부는 아이들에게 시험 기간 내내 교과서를 몇 번이고 읽게 했습니다. 그리고 교과서를 충분히 이해하고 암기가 끝났다고 생각될 때쯤 문제집을 풀게 했습니다. 이해를 높이고 내용을 확인하려는 것이었지요. 이처럼 시험 기간 내내 아이들의 공부에서 중심이 되는 것은 교과서라고 해도 과언이 아닙니다.

가끔 교사들이 교과서 편제에 작은 불만을 털어놓곤 합니다. 어떤 것이든 모두를 만족시킬 수는 없기 때문이겠지요. 하지만 교과서가 가장 우수한 책이라는 사실은 모든 교사가 인정합니다. 그렇다면 당연히 가장 우수한 교과서가 아이들 공부에서 1순

위가 되어야 하지 않을까요?

이제 누군가 당신에게 아이를 어떻게 공부시키냐고 물으면 이렇게 대답하세요.

"우리 애는 교과서 중심으로 공부해요."

이 대답과 실천이 몇 번 반복된다면 당신의 아이는 어느새 공부 잘하는 아이로 거듭날 것입니다. 그러니 1학년 때부터 교과서의 중요성을 알고, 교과서로 열심히 공부하는 습관을 들여 주는 부모가 되시길 바랍니다.

학부모 모임에 적극 참여해 봐요

강연회에 가면 학부모님들이 많이 하는 질문 중에 이런 게 있습니다.

"학부모 모임이 실제로 아이 키우는 데 도움이 되나요?"

참 애매한 질문이 아닐 수 없습니다. 이런 질문을 받을 때마다 저는 상당히 곤란함을 느낍니다. 왜냐하면 그렇다, 그렇지 않다고 딱 잘라 대답할 수 있는 주제가 아니기 때문입니다.

먼저 말해 두자면 학부모 모임에 참여하는 것은 분명 아이에게 도움이 되는 일입니다. 단, 조건을 하나 달겠습니다. 학부모 모임에서 얻고자 하는 것이 무엇인지 목표가 분명해야 한다는 점입니다.

엄마들은 대부분 '어느 학원이 좋다.'라는 크게 중요하지 않은 정보와 '우리 선생님은 이런 게 안 좋아.'라는 뒷담화에 많은 시간을 소모하곤 합니다.

1학년 학부모 모임에서 얻어야 할 가장 중요한 것은 '내 아이의 친구 관계'에 관한 정보와 '내 아이를 객관적으로 판단할 수 있는 기회'입니다.

1학년 아이들이 스스로 친구를 사귀기란 생각만큼 쉽지 않습니다. 오히려 엄마들의 인맥으로 친해지는 경우가 많습니다. 즉, 엄마가 모임에서 다른 엄마와 친해지면 그 엄마의 자녀와 만나서 노는 기회가 생기면서 친해지는 것입니다.

그리고 아이들이 집에서 학교 이야기를 자세히 하는 경우는 많지 않습니다. 남자아이들은 특히 심하고 여자아이들도 그런 경우가 많습니다. 게다가 앞서 이야기했듯이 아이들은 객관적인 시선이 아니라 자기중심적으로 사고하기 때문에 자신에게 유리한 쪽으로 이야기하게 마련입니다. 학부모 모임에서 내 아이의 진짜 학교생활을 들을 수 있다는 점은 분명 긍정적인 면입니다.

물론 불필요한 내용은 잘 걸러서 듣는 지혜도 필요하겠지요.

어떤가요? 학부모 모임, 목적을 분명히 한다면 시간을 투자해서 계속 참여할 충분한 이유가 있지 않나요?

학부모 모임을 단지 차 마시고 수다 떠는 시간으로 보내서는 안 된다는 사실을 명심해야 합니다. 같은 나이대 자녀를 키운다는 공감대를 형성하는 것은 좋은 일이지만, 학부모 모임에서 내 아이를 다른 아이들과 비교하는 데 시간을 투자한다면 그것은 내 아이에게 오히려 독이 되는 모임이 되기 때문입니다.

4장

1학년 학부모 수업

③ 아이의 학교 적응을 돕는 습관 만들기

좋은 습관은 인생을 바꾼다는 말이 있습니다. 선생님의 관점에서 볼 때 좋은 습관을 지닌 아이들은 너무도 쉽게 학교생활에 적응하고 쑥쑥 성장합니다. 하지만 습관이 제대로 잡히지 않은 친구들은 학교생활을 힘들어하고 성장 속도도 더딘 모습을 보입니다. 그래서 같은 나이라도 아이들 사이에 편차가 발생하곤 합니다.

저절로 나쁜 습관을 따르지 않는 아이도 있지만 그런 아이는 흔치 않으니 어린아이일수록 부모님이 좋은 습관을 만들어 주는 것이 중요합니다. 지금부터 부모님이 힘들이지 않고 좋은 습관을 만들어 주는 팁을 알아보겠습니다.

학교를 즐거운 곳으로 연결 지어요

유치원에 다니던 아이들에게는 초등학교라는 새로운 공간이 아주 큰 변화입니다. 아마 어른들은 상상도 하기 힘들 정도의 차이일 겁니다.

학교는 한 학급의 학생 수가 많고, 수업 시간도 엄격하게 지켜야 하며, 생활도 완전히 달라지는 곳입니다. 그래서 학교생활에 잘 적응하게 하려면 먼저 아이들의 두려움을 없애 주어야 합니다. 그런데 아이에게 이런 말을 자주 하는 엄마들이 많습니다.

"이제 1학년이 되어서 학교에 갈 건데 아직도 그렇게 행동하면 어떡해!"

"유치원에서는 혼나지 않았지만 초등학교에서 그러면 선생님한테 혼나!"

이런 말은 아이가 학교에 적응하는 데 결코 도움을 주지 못합니다. 아이가 겁먹을 수 있는 말이 아니라 용기와 응원을 주는 말을 많이 해 주어야 학교생활에 적응하는 데 도움이 됩니다.

"학용품도 스스로 챙기는 모습을 보니 벌써 1학년이 다 되었는걸."

"우리 ○○이는 무슨 일이든 스스로 척척 해내서 선생님께 아주 사랑받겠는걸."

아 다르고 어 다른 이 작은 말들이 쌓이면 내 아이의 마음속에 '초등학교는 즐거운 곳'이라는 생각이 자리하게 됩니다. 그러면 아이가 학교를 떠올릴 때마다 얼굴에 웃음꽃이 피어날 것입니다.

배변 훈련은 필수예요

"우하하하."

이야기를 꺼내기만 하면 높은 확률로 아이들이 배를 잡고 웃으면서 까르르 넘어가는 주제가 있습니다. 바로 '똥' 이야기입니다. 아이들과 이야기하다 보면 똥 싸고 오줌 누는 아주 원초적인 이야기를 무척 재미있어 한다는 걸 알 수 있습니다.

그런데 이것이 아이에게 악몽이 될 때도 있습니다. 초등 1학년을 맡은 선생님들이 한 해에 대여섯 번은 꼭 겪는 일이기도 한데, 그것은 아이가 바지에 오줌을 누거나 똥을 싸는 실수를 하는 경우입니다. 교실에서 이런 일을 겪으면 아이는 부끄러움이 생겨 학교에 가기 싫어지고, 친구들과 관계에서도 문제가 생기기 쉽습니다. 따라서 배변 훈련은 매우 중요합니다.

부모님은 아이가 등교하기 전에 반드시 집에서 화장실을 이용하도록 해 주세요. 특히 대변은 학교에서 편하게 보기가 무척 힘듭니다. 옷을 벗고 똥을 눈 뒤 잘 닦고 다시 옷을 입는 일련의 과정이 1학년 아이에게는 결코 쉬운 일이 아니기 때문에, 반드시 학교 입학 전에 배변 훈련을 해 주어야 합니다.

그리고 이 말도 계속 해 줘야 합니다.

"○○야, 만약 오줌을 누고 싶거나 똥을 누고 싶으면 얼른 손을 들고 선생님께 '화장실 갔다 와도 돼요?'라고 물어보렴. 그러면 선생님께서 화장실에 보내 주실 거야."

이 질문이 결코 부끄러운 일이 아니라고 아이에게 알려 주어야 합니다. 교실에서 배변 실수를 하는 아이들은 대부분 이 말을 하기가 부끄러워서 참다가 실수를 합니다. 배변 활동은 지극히 자연스러운 현상이므로 잘못된 행동이 아니라고 여러 차례 반복해서 알려 줄 필요가 있습니다.

반가운 인사가 좋은 인상을 심어 줘요

내 아이가 어디서든 환영받고, 다른 사람에게 좋은 인상을 심어 주었으면 좋겠다는 바람, 아마 부모라면 모두 지니고 있는 마음일 겁니다. 이것이 사회생활을 하는 어른들에게는 상당히 어려운 일일 수 있지만 1학년 교실에서는 의외로 간단한 일입니다. '먼저 인사하는 습관'만 있다면 말입니다.

1학년 아이들이 입학하고 처음 교실에 오면 같은 유치원에 다닌 친구 외에는 아는 친구가 없습니다. 그래서 3월 한 달 동안은 아이들이 서로 멀뚱멀뚱하기만 할 뿐 친구 사귀기가 쉽지 않습니다. 그런데 친구를 잘 사귀는 방법은 생각보다 간단합니다.

"안녕!"

이렇게 먼저 인사하면 됩니다. 학기 초에 아이들은 서로 서먹한 관계이기 때문에 누군가 친근하고 해맑게 인사하면 어른들과 달리 곧바로 마음을 여는 경향이 있습니다. 그리고 그 친구와 급속도로 친해집니다. 이는 제가 오랫동안 1학년 담임을 하면서 많이 봐 온 모습이기도 합니다.

선생님도 마찬가지입니다. 선생님이 교실에 들어서자마자 "선생님, 안녕하세요!"라고 밝게 인사하는 친구에게는 당연히 좋은 인상을 가지게 됩니다.

그러니 내 아이에게 먼저 인사하는 습관을 길러 주세요. 친구 사이가 좋아지고 선생님에게도 사랑받는 아이가 될 수 있습니다. 인사하는 습관은 좋은 인상을 심어 주는 쉽지만 강력한 무기입니다.

식사 습관을 잘 들여요

식사 습관은 사소한 것 같아도 건강과 깊은 관련이 있고, 아이들이 학교생활에 잘 적응하는 문제와도 연결됩니다.

아마 많은 부모님이 아침밥을 먹지 않은 아이의 두뇌 회전이 아침밥을 먹은 아이보다 느리다는 사실을 잘 알고 계실 겁니다.

그런데 막상 1학년 아이들을 대상으로 조사해 보면 아침밥을 먹지 않고 학교에 오는 친구가 많게는 절반, 적게는 3분의 1 정도나 됩니다. 생각보다 많지요?

또 아침밥을 먹는 습관은 바른 급식 습관과도 연결됩니다. 초등학교에 입학하면 급식을 먹게 되는데, 유치원에서와 달리 아이들이 먹어 보지 않았거나 싫어하는 반찬도 많이 나옵니다. 그래서 김치, 시금치 같은 반찬을 먹기 싫어서 바닥에 버렸다가 선생님께 지적당하거나 친구들에게 핀잔을 듣는 경우가 허다합니다. 그렇다고 아이들이 못 먹거나 먹기 싫어하는 반찬을 억지로 먹이는 선생님은 드뭅니다.

급식을 제대로 먹지 못하면 아이는 학교의 점심시간이 부담스럽게 느껴질 테고, 이는 학교생활을 즐겁지 않게 만드는 요인이 될 수 있습니다. 집에서 모든 반찬을 골고루 조금이라도 먹는 식사 습관을 들여야 하는 중요한 이유입니다. 즉, 입학 전을 포함해 1학년으로 지내는 동안 올바른 식사 습관을 들인다면 아이의 학교생활이 즐거워지는 중요한 요소가 될 것입니다.

스스로 정리해요

1학년 때 책상을 잘 정리하고 정돈하는 습관을 들이는 일은 정말 중요합니다.

"자, 이제 자리 정리하고 집에 갈게요."

선생님이 이렇게 말하고 나면 아이들은 하교를 준비합니다. 잠시 주변을 정리하고 나서 하교를 시작합니다. 교실에는 책상이

대략 스무 개 있습니다. 아이들이 집에 가고 나면, 책상 위는 대부분 아무것도 없이 깨끗합니다. 그런데 몇몇 책상에는 필통, 연필, 책 등이 어지럽게 널브러져 있고 심지어 의자 밑에 쓰레기가 가득합니다. 이 모습을 본 선생님은 과연 어떤 느낌이 들까요?

책상이 정리되지 않은 친구는 하루 이틀만 그런 것이 아니라 일 년 내내 정리 정돈을 잘 못합니다. 선생님이 그런 아이들을 따라다니면서 정리를 지도하는 일은 결코 쉽지 않습니다. 다른 것은 몰라도 자신의 책상과 주변 정리는 입학 전에 부모님께서 반드시 길러 주어야 할 습관 중 하나입니다.

5장

1학년 공부법

① 국어

국어를 잘하는 방법은 무엇일까요? 아마 모든 부모님이 촉각을 곤두세우는 문제일 겁니다. 하지만 초등학교에 입학하기 전에 국어 걱정을 크게 하지 않는 경우가 생각보다 많습니다. 우리말만 잘하면 국어도 잘할 수 있을 것 같고, '한글을 알고 있는 정도만 되면 괜찮지 않을까?' 하고 생각하는 것이지요. 그런데 막상 학교에 입학해 보면 예상외로 국어 때문에 곤란을 겪는 친구가 꽤 많습니다. 입학 후 몇 달이 지나면 '내 아이가 국어를 왜 이렇게 못 할까?'라는 생각이 드는 부모님도 급격하게 늘어납니다. 왜일까요? 그 이유와 함께 국어 공부 준비법을 알려 드리겠습니다.

책 읽는 힘을 길러요

국어를 세분하면 듣기, 말하기, 읽기, 쓰기입니다. 초등학교 교과서도 이를 중심으로 구성되어 있지요. 이들 국어 능력은 상호의존적인 관계이지만 간극도 있습니다. 저절로 배울 수 있는 부분과 가르침과 노력이 필요한 부분으로 나뉘기 때문입니다. 초등학교 입학 전에 읽기와 쓰기를 어떻게 하면 좋을지부터 말씀드리겠습니다.

'우리 아이는 한글을 제대로 알지 못하는데 어쩌지?'

많은 부모님이 하는 걱정입니다. 아직 어린 나이이므로 한글을 떼지 못한 아이가 있을 수 있는데, 이때 아이에게 글을 자꾸 쓰게 하면 안 됩니다. 자칫하면 아이가 학습에 흥미를 잃을 수 있기 때문입니다. 다른 친구들은 한글을 잘 읽고 쓰는데 자신만 못한다고 여기면 아이 스스로 불안함을 느낍니다. 그런 상황에서 자꾸 쓰기를 강조하면 흥미를 잃을 수 있고 교육 효과도 보기 힘듭니다.

대다수 아이가 듣기와 말하기를 저절로 배웁니다. 일부러 학습하지 않아도 선천적으로 습득하는 능력이기 때문입니다.

하지만 읽기와 쓰기는 다릅니다. 읽기와 쓰기는 후천적으로 배우거나 가르침을 받아야 익힐 수 있는 능력입니다. 그리고 읽기와 쓰기는 잘하는 사람과 못 하는 사람의 격차가 아주 큽니다. 물론 듣기와 말하기도 뛰어나게 하려면 훈련이 필요하지만 읽기와 쓰기는 학습의 필요성이 훨씬 큰 분야입니다.

그렇다면 어떤 방법이 읽기와 쓰기 교육에 효과적일까요? 바로 독서입니다. 즉, 책 읽기를 해서 한글을 익히는 방법이 가장 효과적이라는 뜻입니다.

'잘 읽는 것'은 내용을 잘 파악하고, 자신의 인지 구조에 적합하게 습득하며, 읽은 내용을 언제든 잘 끄집어내는 능력까지를 포함합니다. 그런데 이를 좁게 생각하는 부모님이 많습니다.

부모님들이 크게 착각하는 또 한 가지가 있습니다. '읽기'는 국어 교과에만 관련된 분야라는 생각입니다. 가끔 이런 생각을 지닌 부모님과 이야기를 나눌 때면 어디서부터 바로잡아 드려야 할지 막막해지곤 합니다.

단호하게 말하자면 읽기는 국어에만 관련된 것이 아니라 전 과목과 관련되어 있습니다. 잘 읽을수록 모든 교과에서 학습 능력이 향상되기 때문입니다. 영어, 수학 등에서도 잘 읽기는 무척 중요한 요소입니다. 내용과 문제를 이해하는 데 읽기 능력이 필수이기 때문입니다. 따라서 1학년 때 읽기 능력을 꼭 키워 두어야 합니다.

읽기를 제대로 한다면 쓰기는 자동으로 따라오게 되어 있습니다. 그러니 읽기 능력을 어느 정도 갖추었다면 '우리 아이가 받아쓰기를 잘할 수 있을까?' 하는 걱정은 잠시 접어 두셔도 좋습니다.

부모님과 함께 읽어요

국어는 결코 쉬운 과목이 아닙니다. 국어 실력이 뛰어나다는 것은 이해력과 사고력이 높다는 뜻인데, 이는 쉽게 좋아지는 능력이 아닙니다. 그렇다면 이해력과 사고력을 높이는 방법은 없을까요?

있습니다. 바로 독서입니다. 앞서 읽기와 쓰기 능력을 키우는 데도 독서가 효과적이라고 얘기한 것처럼 이해력과 사고력 향상에도 독서가 효과적입니다.

책 읽기는 생활화하는 것이 무척 중요합니다. 이로써 아이가 책 읽기를 즐거운 일로 여기게 된다면 금상첨화겠지요. 혹시 아이가 독서를 싫어하나요? 그렇다면 부모님이 책을 읽어 주세요. 1학년의 발달 단계에서는 스스로 책을 읽는 것과 부모님이 책을 읽어 주는 것에 큰 차이가 없습니다. 독서 전문가들에 따르면 부모님이 책을 읽어 주고 아이가 듣는 것만으로도 실제 독서하는 것의 80% 이상 효과가 있다고 합니다. 그러니 다양한 책을 많이 읽어 주세요. 그것만으로도 1학년 국어 공부는 충분합니다.

저는 여러 독서 강의에서 꼭 이 시 한 편을 부모님들께 보여 드리고 따라 읽도록 합니다. 이 시야말로 '세상 모든 부모가 알아야 하는 시'라고 생각하기 때문입니다.

바로 스트리클런드 질리언(Strickland Gillian)의 '책 읽어 주는 어머니'입니다.

넌 부자야

보석 상자와 금궤

그래, 넌 나보다 훨씬 부자야

그렇지만 난 네가 부럽지 않아

우리 엄마는

내게 책을 읽어 주시니까 말이야

부모님이 소리 내어 책을 읽어 주는 것에는 다음과 같은 장점이 있습니다.

1. 부모와 아이 간에 정서적 유대감이 깊어진다.
2. 어휘력이 늘어난다.
3. 아이가 책에 부담감을 느끼지 않고 책 읽기를 즐기게 된다.
4. 책을 읽는 동안 배경지식을 끌어들이는 법을 습득하게 된다.
5. 듣기 능력을 길러 준다.

이렇듯 두 마리 토끼뿐 아니라 여러 마리 토끼를 잡을 수 있는 것이 바로 책 읽어 주기입니다. 책 읽어 주기에도 여러 방법이 있지만 다음 단계를 거치면 내 아이의 읽기, 쓰기 능력을 키우는 데 도움이 됩니다.

첫째, 부모가 먼저 책을 펼쳐서 아이에게 읽어 주세요. 이렇게 하면 아이가 자연스럽게 책을 볼 수 있습니다.

둘째, 글자를 손가락으로 짚어 가면서 책을 읽어 주세요. 아이가 자신도 모르는 사이에 스스로 한글을 익힐 수 있습니다.

셋째, 부모와 아이가 책 이어 읽기를 합니다. 부모가 한 줄을 읽으면, 다음 한 줄은 아이가 읽는 식이지요. 이는 아이들이 좋아하기도 하고, 자연스럽게 한글에 익숙해지는 방식이기도 합니다.

사전 놀이로 어휘력을 높여요

아이들과 사전 놀이를 하면 국어 실력 향상에 큰 도움이 됩니다. 국어사전을 손이 잘 닿는 곳에 두고 생활 속에서 자연스럽게 자주 활용하면 좋겠지만, 1학년 아이에게는 국어사전 찾는 법이 다소 어려울 수 있습니다. 그러니 놀이로 친근하게 다가가는 것이 좋습니다.

이때 너무 두꺼운 국어사전을 쓰면 1학년 아이에게는 부담스러울 수 있고 단어 찾기도 어려울 수 있습니다. 따라서 저학년용 국어사전을 따로 구매하는 걸 추천합니다.

사전 놀이는 말 그대로 사전에서 단어 찾는 놀이를 하는 겁니다. 부모님은 아무 페이지나 펼쳐서 나온 단어를 아이에게 읽게 하고, 아이는 아무 페이지나 펼쳐서 나온 단어의 뜻을 부모님께 질문하는 방식입니다. 이때 부모님은 펼친 페이지에 실린 여러 단어 중에서 최대한 1학년 수준에 맞는 단어를 고르는 게 좋습니다. 또 아이가 "엄마, ○○는 무슨 뜻이게?" 하고 질문했을 때 아이가 잘 이해할 수 있도록 단어의 뜻을 풀어서 읽어 주는 것이 좋습니다.

사전 놀이를 여러 번 반복하다 보면 내 아이의 단어 실력과 문장 실력이 쑥쑥 자라날 것입니다.

맞춤법이 틀려도 괜찮아요

내 아이를 학교에 보낼 때가 되면 부모님은 자연히 자신의 초등학교 1학년 시절을 떠올립니다. 그때를 추억하면 아마 원고지처럼 칸이 그려진 종이에 선생님이 불러 주시는 단어나 문장을 적었던 기억이 떠오를 것입니다.

그렇습니다. 바로 받아쓰기입니다. 받아쓰기를 틀리면 왠지 큰 죄를 지은 것 같고 자신이 몹시 한심하게 느껴지던 기억, 다들 있을 겁니다. 당시에는 받아쓰기로 맞춤법 교육을 하기도 했고 받아쓰기가 매우 흔한 시험이었지만, 지금 초등학교 1학년들은 그때처럼 매주 받아쓰기 시험을 치지 않습니다. 제가 맡은 교실에서도 마찬가지입니다. 그 이유는 무엇일까요?

맞춤법은 받아쓰기로 익히는 것이 아니라 책 읽기를 하면서 자연스럽게 스며들기 때문입니다.

즉, 독서로 맞춤법을 스스로 체득하는 것입니다. 받아쓰기를 만점 받으려고 맞춤법을 외우는 것이 아니라 독서를 많이 하면 자동으로 익히게 됩니다. 그러니 내 아이의 맞춤법 교육에 조급해하거나 예민할 필요가 없습니다. 아이가 맞춤법을 틀려도 강하게 나무라거나 억지로 바로잡으려 하지 말고, 더 많은 책을 읽어 주세요. 받아쓰기나 맞춤법을 따로 가르치는 것보다 책 읽기에 더 많은 시간을 할애하는 편이 훨씬 낫습니다.

Tip 독서 교육에 도움을 주는 책

『아이의 생각력을
키우는 독서교육』
김지영, 바이북스

『5백 년 명문가의
독서교육』
최효찬, 한솔수북

『초등 책 읽기의 힘』

박성철, 추수밭

『초등 독서력 키우는
읽기놀이
일 년 열두 달』

박형주·조수진, 다우

『공부머리 독서법』

최승필, 책구루

『아홉 살 독서 수업』

한미화, 어크로스

『독서교육
어떻게 할까?』

김은하,
학교도서관저널

『그림책 한 권의 힘』

이현아, 카시오페아

『5~10세
아들 육아는
책읽기가 전부다』

박지현 , 카시오페아

6장

1학년 공부법

② 수학

수학을 잘해야 하는 이유는 명확합니다. 단도직입적으로 이야기하면 수학이 내 아이의 대학을 결정하기 때문입니다. 이제막 초등학교에 입학했는데, 대학 진학은 너무 먼 이야기 아니냐고요? 그렇지 않습니다.

수학은 단기간에 성적을 올리기가 매우 어려운 과목입니다. 그렇기에 공교육의 첫 출발점인 초등 1학년 때부터 수학을 '잘'시작하는 것이 매우 중요합니다.

수학을 잘하지 않고 원하는 대학에 가기란 거의 불가능합니다. 공부를 잘하는 아이들 사이에서도 편차가 많이 나는 과목이 수학인 만큼, 수학의 중요성은 아무리 강조해도 지나치지 않습니다.

내 아이가 '수포자'가 되길 바라는 부모님은 없을 겁니다. 수학의 '수' 자만 들어도 머리가 지끈지끈거리는 아이가 되지 않도록, 초등학교 1학년 때부터 해 두면 좋은 수학 공부 습관을 알려 드리겠습니다.

수의 개념을 이해해요

1학년 수학 공부는 바로 수의 개념을 아는 데서 시작합니다. 수의 개념과 수의 기본기를 갖추는 데는 어떤 방법이 있을까요?

숫자 또박또박 쓰기

1학년 때부터 숫자를 단위에 맞추어 쓰는 습관을 들여야 합니다. 이는 수의 개념뿐 아니라 수의 기본기를 잘 갖출 수 있는 가장 기본 방법입니다. 일의 자리, 십의 자리, 백의 자리 등을 잘 맞춰서 쓰면 수의 단위를 쉽게 터득할 수 있기 때문입니다. 저학년용 수학책에는 숫자를 쓰는 칸이 잘 나뉘어 있습니다. 여기에 맞게 세로줄을 잘 맞추어 또박또박 쓰는 것이 수학 공부의 첫 출발점입니다.

도구 이용하기

수학에서 덧셈과 뺄셈 등 셈하기는 기본 중의 기본입니다. 그런데 이 셈하기를 1학년 때부터 암산으로 하는 것은 좋지 않습니다. 그보다는 성냥개비나 색종이, 수 모형 등을 이용하면 수의 개념을 더 정확히 알 수 있습니다. 수학은 기본기가 탄탄해야 합니다. 빨리 계산하는 것보다 정확히 계산하는 것이 훨씬 중요하다는 점을 잊으면 안 됩니다.

눈이 아니라 손으로 풀기

수학 문제를 풀 때 눈으로만 푸는 아이가 생각보다 많습니다. 1학년은 아직 셈하기가 익숙하지 않은 시기입니다. 그래서 눈으로만 풀면 실수를 많이 하게 됩니다. 수학은 이해하는 것이 중요한 과목이지만 손으로 푸는 연습도 많이 해야 합니다. 이때 계산 과정도 꼭 적어야 합니다. 그렇게 해야만 사소한 계산 실수를 점점 줄일 수 있습니다.

틀린 문제 다시 풀기

어느 과목이든 문제를 풀었을 때 정답을 맞히면 아이들은 기뻐합니다. 물론 정답을 맞히는 것도 중요하지만 수학에서는 틀린 문제를 다시 풀어 보는 것도 그에 못지않게 중요합니다. 틀린 문제를 다음에 또 틀리지 않는 것이 핵심이기 때문입니다. 틀린 문제는 시간이 걸리더라도 반드시 다시 풀고 확실히 알아 두어야 합니다. 이 습관을 잘 들이면 정확하고 탄탄한 수학 실력을 쌓을 수 있을 것입니다.

연산 공부를 가볍게 시작해요

'내 아이가 수학 공부를 잘하려면 무엇이 가장 중요할까?'

부모라면 누구나 하는 고민이지만 아마 많은 부모님이 막연하게나마 그 답을 알고 계실 겁니다. 수학에서 가장 중요한 것은 '기초 셈하기'라는 사실 말입니다.

수학에서 셈하기가 적용되지 않는 문제는 거의 없습니다. 그래서 셈하기, 즉 기초 계산력이 수학에서는 가장 기본입니다. 기초 계산력을 잘 쌓으려면 어떻게 해야 할까요?

사교육으로 반복 계산 해 보기

저는 현재 2학년 아이들을 가르치고 있습니다. 2학년만 돼도 부모님들은 학원이나 사교육에 관심이 많습니다. 그와 관련된 이야기를 나눌 때 저는 다른 과목은 몰라도 수학만큼은 학원이나 사교육을 권장하는 편입니다. 특히 1~2학년처럼 저학년 아이들에게는 크게 부담이 되지 않는 '방문 학습지'를 권장하고 있습니다.

방문 학습지의 특징은 풀어야 할 문제가 많다는 점입니다. 이에 어떤 부모님들은 반복적인 계산이 아이들의 수학적 사고력을 오히려 떨어뜨리지 않느냐고 반문하기도 합니다.

하지만 생각해 봅시다. 기초 계산력은 문제를 빨리 풀고 틀리지 않는 데 꼭 필요합니다. 이는 하루아침에 뚝딱 만들어지는 능력이 아닙니다. 많은 계산 훈련을 거쳐 서서히 형성되는 능력입니다.

선생님들끼리 "대학을 결정하는 것은 수학이다. 수학은 초등학교 1학년 때부터 꾸준히 실력을 기르지 않으면 안 된다."라는 말을 자주 합니다. 그 이유는 수학은 한 번 배워 두어 두고두고 써 먹는 과목이 아니라, 문제를 풀고 계산하는 과정을 반복하며 실력이 무뎌지지 않도록 꾸준히 유지해야 하는 과목이기 때문입니다. 그래서 수학이 힘든 과목이지요.

모든 스포츠 종목에서 기본기가 중요하듯 수학적 사고력 또한 기초 계산력, 즉 셈하기를 탄탄하게 갖추지 않고서는 절대로 실력을 높일 수 없습니다. 수학은 누적 계산 시간이 엄청나게 중요한 과목입니다. 이것이 기초 계산력을 높여 주는 방문 학습지를 권장하는 이유입니다.

기초 셈하기 잡기

초등 6년간 수학 과정에서 기초 셈하기는 매우 중요합니다. 덧셈의 확장된 개념으로 곱셈을 배우며, 이를 정확하게 계산하고 답을 내는 것이 초등 수학의 기본이기 때문입니다. 그리고 이는 초등 수학의 핵심인 사칙 연산으로 이어집니다.

그런데 의외로 1~2학년 과정에서 덧셈을 대충 넘어가는 경우가 많습니다. 기초 공사를 탄탄하게 하지 않은 벽은 언젠가 무너집니다. 이처럼 기초 셈하기 역시 확실히 익혀 두어야 시간이 지나도 무너지지 않습니다.

덧셈을 잘하면 뺄셈도 잘하고, 덧셈이 변형된 형태인 곱셈도 잘하게 됩니다. 곱셈을 잘하면 곱셈이 변형된 형태인 나눗셈도 잘하게 되고요. 그래서 셈하기 공부를 매일 하는 것은 정말 중요합니다. 꼭 방문 학습지가 아니어도 좋습니다. 아이가 매일 1~2쪽씩 수학 문제를 풀고 점검할 수 있도록 시간을 마련해 주세요. 이 시간이 반복되고 습관으로 자리 잡는다면 내 아이의 수학 실력은 갈수록 탄탄해질 것입니다.

Tip 수학 교육에 도움을 주는 책

『수학원리를 제대로 배운 아이는 쉽게 계산합니다』
차지혜, 블루무스

『수학 잘하는 아이는 이렇게 공부합니다』
류승재, 블루무스

『엄마가 만드는 초등 수학 자신감』
정희경, 한빛라이프

『수학 잘하는 아이는 어떻게 공부할까?』
임미성, 비타북스

『놀이가 수학을 만든다』
하영희·신비인·박수진·민은경, 미다스북스

『수학 천재로 만들어 주는 흥미진진한 수학 놀이』
마이크 골드스미스·해리엇 러셀, 사파리

『개념 잡는 엄마표
수학 놀이』

장예원, 소울하우스

『123미니쌤의
초등 수학 로드맵』

김민희, 생각지도

『엄마의 수학 공부』

전위성,
오리진하우스

『엄마표 수학
큐레이션』

오안쌤, 웨일북

아이와 함께 계산 놀이를 해요

아이와 함께 계산하는 놀이를 해 보세요. "2 더하기 5는?" 하고 질문을 던지면 아이가 "7이요." 하고 대답하는 식으로요. 반대로 아이에게도 문제를 내어 보게 하는 것도 좋습니다. 아이가 "9 더하기 3은?" 하고 문제를 내면 부모님은 "12."라고 대답하는 겁니다. 물론 가끔 "14."라고 틀린 대답을 하면 아이는 깔깔깔 웃으면서 "틀렸는데요."라고 하겠지요.

부모님이 문제집을 들고 수학 문제를 풀라고 하면 아이들은 힘들어하고 싫어하지만 이렇게 게임처럼 접근하면 의외로 수학에 부담감을 느끼지 않고 즐겁게 임하게 됩니다. 내 아이가 이미 구구단을 할 수 있는 아이라면 덧셈, 뺄셈에다 곱셈까지 계산 놀이로 해 보세요. 아이가 수학에 부담감을 덜 느끼면서 즐겁게 공부할 수 있을 것입니다.

7장

1학년 공부법

③ 영어

교육은 아동 발달 단계와 아주 밀접한 관계에 있습니다. 아동의 나이에 맞는 발달 단계가 있으므로, 그에 맞게 교육을 행해야 그 이상의 효과를 거둘 수 있기 때문입니다. 즉, 발달 단계에 맞는 교육을 100만큼 투입하면 100 이상 효과를 거둘 수 있지만, 발달 단계에 맞지 않는 교육은 100 이상을 투입해도 10 이하가 나올 수 있는 것입니다.

영어에서도 이 점은 마찬가지입니다. 아동의 발달 단계에 따른 언어 특성을 고려하지 않은 채 무턱대고 영어 비디오를 보여주고, 영어 동화책을 읽히고, 영어 말하기를 시키는 것은 대단히 위험한 일입니다. 초등학교 입학 전과 입학 후 저학년 때 어떻게 영어 공부를 시키면 좋을지 알아보겠습니다.

초등학교 입학 전
- 영어에 흥미를 불러일으켜요

이 시기에는 아이들이 영어의 소리와 문자에 호기심을 가지도록 하는 것이 제일 좋습니다. 아이들은 새로운 것에 두려움이 없고, 어른들보다 쉽게 다가섭니다. 그러므로 본격적으로 영어를 배우기 전에 영어와 관련된 것들을 주변에 의도적으로 펼쳐 놓고 아이들이 스스로 다가서도록 유도하는 것이 가장 먼저 해야 할 일입니다. 방법은 다음과 같습니다.

'영어'라는 언어 인지하기

먼저 아이의 책꽂이에 영어책을 꽂아 두어 자연스럽게 한글과 다르게 생긴 문자가 있다는 것을 알게 해 주는 방법입니다. 아직 한글을 모르는 아이라도 이미 한글 모양에는 익숙해져 있으므로 영어책을 보면 다른 문자라는 것을 쉽게 알아차립니다.

그리고 방송이나 비디오 등으로 영어를 들을 기회를 만들어 주는 방법도 있습니다. 사람들이 우리말이 아닌 다른 언어로도 의사소통을 한다는 사실을 은연중에 알도록 해 주는 것입니다. 영어라는 언어가 사람들 간의 의사소통에 필요한 언어임을 알면 학습에 큰 동기 부여가 됩니다.

영어 노출 시간 늘리기

부모님이 외국인을 만날 기회가 있다면 일부러라도 아이와 동행하는 것이 좋은 계기가 되기도 합니다. 아이들이 막상 외국인 앞에서는 다가서지 못하고 부끄러워해도, 집에 오면 영어 소리를 흉내 내거나 인사하는 방법을 꼭 물어보기 때문입니다.

이 시기에는 영어 노래나 교육용 영어 비디오 등 아이가 쉽게 듣고 따라 하며 접근할 수 있게 해 주는 것도 좋습니다. 부모님이 옆에서 같이 보고 듣고 따라 하면 아이들이 더욱 쉽게 따라 하겠지요. 이 시기에는 영어 발음을 정확하게 하는 것이 중요하지 않습니다. 흉내 내는 기분만 내도 충분합니다.

부모님이 간단한 영어책 읽어 주기를 시작하는 것도 좋습니다. 부모님의 영어 발음 역시 정확하지 않아도 괜찮습니다. 아이들은 부모님이 들려주는 음성을 더 좋아하니까요. 혹시 영어에 자신이 없다면 오디오테이프가 있는 아주 짧은 영어책을 부모님이 먼저 듣고 아이에게 읽어 주는 방법도 있습니다.

인터넷의 영어 학습 사이트를 활용하는 것도 좋은 방법입니다. 마우스를 클릭할 때마다 화면이 바뀌고 영어 소리가 들리는 등 구성이 다채로울수록 아이들은 쉽게 영어의 재미에 빠져듭니다. 부모님과 아이가 함께할 수 있는 프로그램이 많이 있는 인터넷 영어 학습 사이트는 학습 초기에 흥미를 일으키는 수단으로 사용할 수 있습니다.

초등학교 저학년(1~2학년) 시기
- 차근차근 알파벳을 익혀요

초등학교 저학년 시기에는 알파벳을 익히기 시작하는 것이 좋습니다. 초등학교에 입학하기 전 '영어'라는 언어에 호기심을 가졌다면, 여기에서 한발 더 나아가 문자를 알아 두는 것이 도움이 되기 때문입니다.

알파벳은 영어 줄공책에 쓰기

알파벳 쓰기를 처음 가르칠 때는 줄공책을 이용해서 쓰는 순서와 글자 모양을 꼼꼼하게 가르쳐야 합니다. 그래야 p와 q처럼 모양이 비슷해 보이는 알파벳을 헷갈리지 않을 수 있습니다. 특히 소문자는 줄에 맞춰서 쓰는 연습을 잘해 두어야 줄 없는 공책에서도 제대로 쓸 수 있으므로 매우 중요합니다. 처음 배운 알파벳 쓰기가 습관이 되어 아이의 영어 글씨로 굳어질 가능성이 높기 때문입니다.

영어 단어 발음하기

초등 저학년은 파닉스(phonics)를 시작하는 시기이기도 합니다. phonics는 영어 단어의 소리와 발음을 배우는 교수법인데, 어떤 알파벳이 어떤 발음과 관련되어 있는지 배울 수 있습니다.

예를 들어 한글을 배울 때 낱소리부터 배우는 아이들이 있고 통문자로 배우는 아이들이 있는 것처럼, 영어도 이전 시기에 문자에 많이 노출된 아이들은 자연스럽게 단어 읽기로 넘어갑니다.

하지만 그렇지 못한 아이들은 기본적인 phonics를 해 두는 것이 도움이 됩니다. 서점에 가면 1~2권으로 엮은 좋은 phonics 교재가 많으니 필요한 것으로 골라 사용하면 되지만, 이때 중요한 점은 '반복해서 읽는 것'입니다. phonics에서 꼭 필요한 것은 자음과 모음의 음가를 익히는 일입니다.

간혹 부모님들 중에는 phonics 교재에 나오는 단어의 뜻을 가르치고 스펠링까지 외우게 하는 경우도 있는데, 이 시기에는 그렇게 할 필요가 전혀 없습니다. 이 시기 아이들을 위한 교재에는 대부분 단어와 그림이 함께 제시되므로, 그림으로 단어의 뜻을 자연스럽게 짐작할 수 있기 때문입니다.

phonics에서는 '자음과 모음이 단어 안에서 어떻게 발음되는가?'를 아는 것이 가장 중요합니다. 그러니 단어를 눈으로 많이 보고, 반복해서 소리 내어 읽는 것만으로 충분합니다.

대화문은 구체적 상황으로 익히기

이 시기에 기본적인 생활 표현을 하나씩 익히는 것도 좋습니다. 서로 간의 인사나 묻고 답하는 표현을 배우고, 주변 사물의 이름을 영어로 말할 수 있도록 하는 것입니다.

기본적인 대화를 배울 때는 먼저 대화의 상황을 아는 것이 중요합니다. 그러므로 대화문을 가르칠 때는 어떤 상황에서 사용하는 표현인지를 먼저 구체적으로 알려 주세요.

"Who's this?"라는 표현을 예로 들어 보겠습니다. 이 문장은 다양한 상황에서 쓸 수 있는 표현이지만 "두 친구가 사진 앨범을 보고 있고, 한 친구가 사진 속 인물이 누구인지를 묻고 있어."와 같이 일상 생활 속에서 흔히 일어날 수 있는 상황임을 먼저 알려 주면 아이들은 그 문장을 더 정확히 받아들일 수 있습니다. 그래야만 나중에 비슷한 상황에서 같은 표현을 사용할 수 있습니다. 만약 이렇게 하지 않고 무작정 문장을 반복해서 외우게 하면 활용 가능성이 낮아지고 관심도 떨어집니다. 그저 영어 시간에 배운 언어로 그치고 말겠지요.

아이 생활과 밀접한 주제 다루기

사물의 이름을 가르칠 때는 아이의 생활 주변에서 시작하는 것이 좋습니다. 영어를 교재로만 가르치다 보면 정작 아이들의 생활과는 동떨어진 단어를 더 많이 다루게 되기 때문입니다.

또 실제로는 많이 사용하는 단어이지만 영어 교재에서는 잘 보기 힘든 단어도 종종 있습니다. 예를 들면 '어린이날', '운동회' 같은 단어가 그렇습니다. 하지만 이 단어들은 아이들과 밀접하게 연관되어 있고 모든 아이가 좋아하는 말이므로, 영어로 'Children's Day', 'Sports day'라고 가르쳐 주면 아이들이 훨씬 잘 기억할 수 있습니다.

영어를 교실에서만 배운다는 생각은 버려요

영어도 한국어와 같은 언어입니다. 언어는 교실 안에서만 통용되는 것이 아니라 어느 곳에서든 사용할 수 있습니다. 즉, 언어를 배우는 곳 또한 한정되어 있지 않고 사람이 사는 모든 곳에서 배울 수 있습니다. 그러므로 아이의 생활 속에서 반복해서 접하고 사용하도록 도와주는 노력이 필요합니다.

어린아이가 제일 먼저 알게 되는 영어 단어는 'M'이라는 흥미로운 연구 결과가 있습니다. 맥도널드 가게 앞에 세워진 노란색 대형 간판 덕분이라는 이야기입니다. 그만큼 아이들에게 새로운 문자를 알게 해 주려면 반복해서 보는 과정이 필요합니다. 그래서 집에서 단어 카드를 함께 만들고 방 이곳저곳에 붙여 놓는 노력을 하는 것이지요. 인터넷으로 영어 사이트에 접속해서 영어를 듣게 해 주고 재미있는 단어 게임도 할 수 있도록 환경을 만들어 줘야 합니다. 유튜브에 나오는 간단하고 재미있는 프로그램을 보여 준다면 큰 돈 들이지 않고 영어 환경을 만들 수 있습니다. 단, 이때 아이 혼자서만 듣게 하는 것은 금물입니다.

8장

배워 두면 좋은
예체능 활동

스위스의 심리학자 장 피아제(Jean Piaget)는 연령에 따라 인지 발
달 단계를 나누었습니다. 크게 감각 운동기(0~2세), 전 조작기(2~7
세), 구체적 조작기(7~12세), 형식적 조작기(12세 이상)까지 네 단계
로 구분합니다. 초등학교 1학년은 구체적 조작기에서도 초기에
해당하는 시기인데, 이때부터는 사물의 인지적 조작이나 미술,
음악에 관심도가 높아집니다.

따라서 초등학교 1학년 시기에는 음악, 미술, 체육 등 다양한
활동으로 인지 능력과 신체 능력을 함께 길러 주는 것이 중요합
니다. 이때 아이들의 성별과 관계없이 신체 능력과 인지 발달 능

력이 비슷하다는 점을 인지해야 합니다. 남학생이 음악, 미술 등 예능 능력을 기르는 것도 아주 중요하며, 여학생이 줄넘기, 축구 같은 신체 능력을 기르는 것 또한 아주 바람직합니다.

시간과 경제적 여건이 허락한다면 성별 구분 없이 체육, 미술, 음악 등 여러 예체능 분야를 경험하면 좋습니다. 그중에서도 콕 집어 한 가지만 권한다면 남자아이에게는 축구, 여자아이에게는 노래를 추천합니다.

축구로 정서 발달과 신체 성장을 도와요

초등학교 1~2학년 아이들이 체육, 음악, 미술 등 모든 예체능 을 다 잘할 수 있다면 얼마나 좋을까요? 하지만 이 모든 것을 배 우는 데는 시간과 비용이 많이 듭니다.

이에 꼭 배워 두면 좋을 예체능 활동을 하나만 콕 집어 보자 면 남자아이에게는 축구가 가장 좋습니다.

리더십 함양에 좋은 축구

축구는 운동 능력뿐 아니라 대인 관계, 즉 리더십도 기를 수 있는 예체능입니다. 갑자기 리더십이라니, 뚱딴지같은 소리라고 생각한 부모님들 많으시죠? 하지만 저는 아이의 리더십을 키우고 싶어 하는 부모님에게 꼭 축구를 시키라고 이야기합니다. 속는 셈치고 아이에게 축구를 시킨 부모님 가운데 다수가 일 년 정도 지나면 "시키길 잘했다."라고 말씀하십니다. 남자아이들에게 축구는 만족도가 아주 높은 운동이기 때문입니다.

아마 제 말에 학교 선생님들은 고개를 절로 끄덕이실 겁니다. 물론 고개를 갸우뚱하는 분들도 많을 텐데요, 초등학교 교실에서 벌어지는 일을 한번 살펴보겠습니다.

초등학교에서 학생들이 마음껏 놀 수 있는 시간은 언제일까요? 등교 후 수업이 시작되기 전과 점심시간입니다. 이 시간에 남자아이들은 대부분 운동장에 나가서 놉니다. 운동장에서 할 수 있는 놀이야 많지만 대다수 아이들이 공 하나만 있으면 할 수 있는 축구를 합니다. 야구를 좋아하는 아이들도 많지만 야구는 위험 요소가 많아서 대부분 학교에서 금지하고 있습니다.

여기까지는 별 대수롭지 않은 이야기처럼 들리시지요? 중요한 것은 이 이후에 벌어지는 일입니다. 교실에 있어 보지 않은 사람은 느낄 수 없는 일이기도 합니다.

인기를 높여 주는 축구

축구를 잘하는 아이는 한마디로 '교실 밖 반장'입니다. 운동장에서 아이들은 축구를 잘하는 아이 중심으로 모이기 때문입니다. 아무리 공부를 잘해도 운동장에서는 축구를 못하면 이목을 끌지 못하고 평범한 아이가 되고 맙니다.

축구를 잘하는 아이가 미치는 영향력은 부모님들이 납득하기 어려울 정도로 큽니다. 다른 아이들에게 지시를 하고 대형을 이끄는 등 거의 감독에 버금가는 영향력을 행사하기 때문입니다. 만약 다른 반과 시합이라도 하는 날이면 축구 잘하는 아이에게 출전해 달라고 반 아이들이 거의 사정까지 하는 모습도 심심찮게 볼 수 있습니다.

축구 잘하는 아이의 인기는 운동장에서 그치지 않고 교실로까지 이어집니다. 교실에서도 아이들은 축구 잘하는 아이 중심으로 모이기 때문입니다. 축구 잘하는 아이는 간혹 교실에서 반장보다 더 큰 영향력을 미치기도 합니다. 그렇게 인기가 많아지면 아이는 축구에서 길러진 자신감으로 학습이나 다른 예체능 영역에서도 자신감을 갖게 되고, 자연스레 리더십도 발달합니다.

기초 체력에 좋은 축구

그리고 축구가 지닌 또 다른 장점은 '운동 능력'입니다. 축구는 달리기와 공놀이를 함께 하는 운동입니다. 따라서 기초 체력을 기르는 데 많은 도움이 됩니다. 축구를 잘하는 아이는 달리기, 피구 등 초등학교에서 하는 운동은 웬만하면 다 잘합니다. 중·고등학생이 되어서도 농구, 배구 등 다양한 체육 활동을 잘할 확률이 매우 높습니다. 이처럼 초등학교 1~2학년 때 배워 두는 축구는 리더십과 운동 능력을 동시에 기를 수 있는 아주 좋은 활동입니다.

노래로 표현력을 키우고 자신감을 높여요

남자아이에게 축구가 중요하다면 여자아이에게는 노래가 중요한 편입니다. 물론 축구가 가지는 영향력과 비교하면 노래의 영향력은 상대적으로 작은 편입니다. 여자아이들은 남자아이들과 달리 격렬한 신체 활동보다 움직임이 작은 공기놀이나 서로 모여서 수다를 떠는 일이 많기 때문입니다. 그러나 이는 상대적인 것일 뿐, 여자아이들 사이에서는 이 역시 꽤 중요한 활동입니다.

노래는 아이들의 최고 관심사

초등학생 여자아이들은 외모나 연예인 등에 관심이 많습니다. 특히 여자아이들은 친한 친구들끼리 무리 지어 다니는 경향이 강한데, 그때 좋아하는 아이돌 가수 이야기를 하거나 드라마 또는 드라마 속 주인공 이야기를 하며 많은 시간을 보냅니다. 물론 관심사가 비슷한 친구들끼리 모였을 때 주로 벌어지는 일입니다. 남자아이들은 몇 명씩 무리 지어 다니는 경향이 여자아이들보다는 약한 편입니다.

아이돌 가수나 연예인에 관심이 많은 여자아이들은 노래를 잘하고 걸그룹처럼 춤을 잘 추는 데 로망을 품은 경우가 많습니다. 고학년일수록 그런 경향이 강하게 나타나며, 남자아이들이 축구 잘하는 아이 중심으로 모였듯 여자아이들은 노래 잘하는 아이 중심으로 모이는 편입니다.

장기자랑의 백미

저학년 때 노래를 잘하면 아이들 앞에 나설 기회가 많습니다. 고학년보다 발표 기회가 많기도 하고, 장기자랑 같은 것도 많이 하기 때문입니다. 장기자랑에서 여자아이들은 노래 잘하는 아이의 이름을 연호합니다. 아마 전국의 어느 초등학교나 마찬가지일 겁니다.

제가 작년에 2학년을 가르쳤을 때 일입니다. 반에 성악을 배워서 노래를 아주 잘하는 아이가 있었는데, 장기자랑 시간에 그 아이가 노래할 때면 부러운 눈길로 쳐다보던 반 아이들의 표정을 잊을 수가 없습니다. 그 후로 노래를 잘하는 아이의 주위는 늘 아이들로 넘쳐 났습니다.

초등학교 1~2학년 아이들 사이에서는 장기자랑에서 노래 잘하는 아이, 앞에 나가서 발표를 잘하는 아이, 선생님의 심부름을 자주 하는 아이가 부러움의 대상이 됩니다. 그런 아이들은 자연스럽게 리더십이 자라게 되고, 남들 앞에 나서기를 두려워하지 않게 됩니다. 그러므로 여자아이에게 노래나 성악을 배우게 하는 것은 중·고등학교에 가서도 인기 있는 아이가 될 확률이 매우 큰 투자라고 할 수 있습니다.

9장

학교 사용
설명서

취학 통지서와 예비 소집

입학을 앞두고 취학 절차를 궁금해하시는 부모님들이 많습니다. 취학 절차는 생각보다 간단하며, 부모님이 미리 해야 하는 일은 거의 없습니다. 교육청과 행정복지센터에서 알아서 통지해 주니 마음 놓고 기다려도 됩니다. 자세한 내용을 한눈에 볼 수 있는 표로 정리하면 다음과 같습니다.

(국립 초등학교나 사립 초등학교에 지원하고자 한다면 부모님이 개별적으로 희망 학교의 선발 공고를 미리 알아보고 지원해야 합니다. 대체로 10월부터 11월경 사이에 지원을 받고, 11월경에 추첨으로 결과를 결정합니다.)

취학 통지 과정

취학 아동 명부 작성

읍면동의 장은 10월 1일 현재 관내에 거주하는 아동 중 초등학교 취학 대상자를 조사하여 10월 31일까지 취학 아동 명부를 작성함.

읍면동의 장은 취학 아동 명부를 작성한 후 10일 이상 기간을 정하여 아동의 보호자가 열람할 수 있도록 조치함.

☞ 10월 1일(취학 아동 명부 작성 기준일) 이후에 취학 대상 아동이 관내로 전입하는 경우 지체 없이 취학 아동 명부에 등재함.

조기 입학·입학 연기 신청

학부모는 입학 적령기 1년 전후로 자녀의 발육 상태 등 개인차에 따라 입학 시기를 선택하여 10월 1일부터 12월 31일까지 읍면동의 장에게 신청할 수 있음.

입학 기일 및 통학 구역 설정

교육장은 매년 다음 해 취학할 아동의 입학 기일과 통학 구역을 결정하고, 11월 30일까지 읍면동의 장에게 통보함.

취학 통지

읍면동의 장은 입학할 학교를 지정하고 입학 기일을 명시하여 12월 20일까지 취학 아동의 보호자에게 취학을 통지함(학교장에게도 통보).

- 국립·사립 초등학교장은 신입생 모집 공고, 원서 접수, 추첨 등을 거쳐 신학년도 입학 허가자를 결정하고 허가자 명부를 12월 10일까지 읍면동의 장에게 통보함.

예비 소집

학교장은 학사 일정을 고려하여 예비 소집 때 입학 관련 준비를 안내하고 학교를 소개함.

전국 읍면동 행정복지센터에서는 주민 등록을 근거로 취학 예정 아동 수를 조사합니다. 이를 기반으로 지역 교육청에서 매년 11월경 학군을 조정하고 확정하며, 그 결과에 따라 매년 12월 20일까지 대상자에 한해 취학 통지서를 집으로 보냅니다.

표에 나와 있듯이 자녀의 초등학교 입학을 위해 부모님이 따로 신청하거나 서류를 챙길 일은 거의 없습니다. 다만 예전과 달라진 점이 있다면 우편으로 오던 취학 통지서를 이제는 정부 24 홈페이지(www.gov.kr)에서 온라인으로 발급받을 수 있다는 점입니다.

또 예비 소집은 보통 1월이나 2월에 합니다. 이 역시 때가 되면 가정으로 통보합니다. 통보 방식은 우편이 될 수도, 인편이 될 수도 있습니다.

학교에 따라 예비 소집을 1회 실시하기도 하고, 2회 실시하기도 합니다. 만약 2회 실시하는 학교라면 둘 중 편한 일정에 가면 됩니다. 그 대신 예비 소집 때는 학교에 입학할 아이와 꼭 함께 가시기 바랍니다. 앞으로 아이가 생활할 학교와 교실, 화장실 등 여러 시설을 미리 확인해 보는 것이 아이에게 큰 도움이 되기 때문입니다.

이 외에도 예비 소집에 가면 3월 입학식에 필요한 사항과 학교

정보도 알 수 있습니다.

입학식과 입학 준비물

입학식은 보통 3월 2일에 하는 경우가 많습니다. 만약 3월 2일이 주말이라면 그다음 월요일에 입학식이 열립니다.

입학식 때는 우선 예비 소집 때 받아 온 서류를 잘 챙겨 두었다가 담임선생님에게 제출해야 합니다. 학생 기초 조사서, 개인 정보 수집 동의서, 예방접종 현황 및 아동건강 조사서, 방과 후 수업과 돌봄교실 신청서 등이 그것입니다. 그리고 예비 소집 때 안내한 여러 학습 준비물도 가져가야 합니다. 아마 학교에서 학용품과 준비물을 자세히 설명한 유인물을 나눠 드렸을 겁니다. 이를 미리 준비해 두면 입학식 날 큰 도움이 됩니다.

다음은 입학식 날 담임선생님에게 제출해야 하는 몇 가지 서류 예시입니다.

학생 기초 조사서

<table>
<tr><td rowspan="4">아동</td><td>이름</td><td colspan="2">(한글)</td><td colspan="2">(한자)</td></tr>
<tr><td colspan="3">자녀가 개인 휴대전화를 가지고 있다면 번호를 써 주세요.</td><td>생년월일(양/음)</td><td>년   월   일</td></tr>
<tr><td>(휴대전화)</td><td colspan="2">-   -</td><td colspan="2"></td></tr>
<tr><td>주소</td><td colspan="4"></td></tr>
</table>

보호자	관계	이름	휴대전화
	보호자의 맞벌이 여부	종일 맞벌이( ) 파트타임 맞벌이( ) 맞벌이 아님( )	

형제 자매	관계	이름	(본교 재학 중일 경우) 학년-반

아동의 흥미 및 욕구	
좋아하는 과목	
싫어하는 과목	
특기	
취미	
식품, 알레르기 건강상 주의할 점	
친한 친구 이름	
담임선생님께 바라는 점	

- 수집 및 이용 목적: 학교생활 기록부 기재를 위한 기초 자료 조사 및 담임의 교육적 지도를 위한 사항 파악
- 수집하는 개인정보 항목: 학생의 성명, 휴대전화번호, 생년월일, 가족관계, 보호자 성명, 보호자 휴대전화번호 등
- 수집 및 이용 기간: 2024학년도부터 학생의 재학 기간까지 보유 및 이용(최대 1년)
- 개인정보 수집·동의거부권리: 상기 기본정보 수집에 동의하지 않을 경우 미동의에 체크할 수 있음
- 이용 기간 경과 후 처리 방법: 이용 기간 경과 후 문서 분쇄기로 즉시 파기

위와 같은 개인정보 수집 및 이용에 동의합니다. □ 동의 □ 미동의

2024년   월   일   동의자: (서명)

스쿨뱅킹 서비스 이용을 위한 개인정보 수집 동의서

학교교육 활동에서 발생하는 다양한 경비 중 보호자가 부담해야 하는 수익자부담경비(급식비, 현장학습비, 방과 후 교육비 등)를 처리하고자 「전자금융거래법」 제15조에 따라 납부 방법 신청 및 출금 동의를 요청하오니 **등교 시 담임선생님께 제출**해 주시기 바랍니다.
1. 전자금융거래기록은 「전자금융거래법」 제22조에 따라 5년간 보관합니다.
2. 교육비 납부 내역은(학생 주민등록번호 포함) 「소득세법」에 따라 연말정산 간소화를 위해 국세청에 제출합니다.

1. 수익자부담경비 납부방법 신청서

<u>1 학년   반   번   성명:</u>

납부방법 (택1)	☐	은행 자동이체	대상 은행	농협은행 (스쿨뱅킹)
	☐	신용카드 자동납부	대상 카드사	신한카드, BC카드, KB국민카드, NH농협카드

위와 같이 학교 활동에서의 수익자부담경비 납부 방법을 신청함.

<u>**보호자 성명:**</u>   (서명)

(**보호자 연락처:**   )

※ 신용카드 자동납부를 선택하실 경우 뒷면 안내문에 따라 학부모님께서 <u>카드사로 직접 신청하여야 합니다.</u>
※ <u>은행 자동이체를 선택하신 경우 아래 1-1번을 꼭 작성하여 주세요.</u>

1-1. 은행 자동이체 출금동의서

예금주		은행명	
예금주 생년월일		계좌번호	
예금주 전화번호 또는 보호자 연락처			

위와 같이 학교 활동에서의 수익자부담경비 자동이체 출금에 동의함.

<u>**보호자 성명 :**</u>   (서명)

2. 개인정보 수집·이용 및 제3자 제공동의서

○ 수집되는 개인정보는 「개인정보보호법」에 따라 보호되며, 동 법률에 따라 수집·이용 동의가 필요합니다.
   1. 수집이용목적: 수익자부담경비 수납에 사용
   2. 수집항목: 학생(학년, 반, 성명) 보호자(예금주, 생년월일, 은행명, 계좌번호)
   3. 이용 및 보유 기간: 신청 학생의 학교 재학 기간 및 졸업·전학 등 후 6개월간
   4. 동의를 거부할 수 있으며, 동의 거부 시 자동납부할 수 없습니다.

개인정보 수집·이용 동의	☐ 예 ☐ 아니요

○ 수집되는 개인정보는 「개인정보보호법」에 따라 보호되며, 동 법률에 따라 제3자 제공 동의가 필요합니다.
   1. 제공기관: 해당 금융기관 및 연계 기관(금융결제원·은행 또는 신용카드사·PG사)
   2. 제공받는 자의 이용 목적: 은행 자동이체 또는 신용카드 자동납부
   3. 제공항목: 은행 자동이체(예금주, 예금주 생년월일, 은행명, 계좌번호), 신용카드 자동납부(학교명, 학생명, 학생 생년월일, 학생 식별번호)
   4. 이용 및 보유 기간: 신청 학생의 학교 재학 기간 및 졸업·전학 등 후 6개월간
   5. 동의를 거부할 수 있으며, 동의 거부 시 자동납부할 수 없습니다.

개인정보 제3자 제공 동의	☐ 예 ☐ 아니요

2024년   월   일

보호자(법정대리인) 성명: (서명)

○ ○ 초 등 학 교 장 귀하

	○○초등학교 입학 준비물
교과학습· 기타 활동용 공책	♣ 종합장(유선, 무선), 알림장 알림장은 부모님과 선생님의 의견을 나누는 공책이기도 합니다. 학교에서 적어 가는 내용을 꼭 확인하시고 궁금하신 내용이 있으면 내용을 적어서 보내 주시면 성실히 답변해 드리겠습니다. ♣ 10칸 공책, 종합장(유선, 무선), 알림장
필기도구 (필통 속에 반드시 있어 야 할 것들)	• 풀 1개: 딱풀 종류 • 15㎝ 자 • 네임펜(검정) 1자루 • 지우개 1개, 깎은 연필 5자루(샤프는 쓰지 않습니다.) • 필통: 쓰고 있는 필통을 가져오되, 새로 살 어린이들은 철로 만든 필통보다는 천으로 된 것이 좋고, 지퍼가 가로로 길게 달려서 연필을 쉽게 꺼낼 수 있는 것이 좋습니다. ※ 칼은 안전상의 문제로 가져오지 않습니다.
기본 학용품	• 크레파스(24색): 파스텔이 아닌 것 • 색연필(12색), 사인펜(12색) • 투명테이프 • 가위: 손 크기에 알맞고 끝이 날카롭지 않은 가위, 덮개가 있는 것은 덮개가 잘 분실됩니다.
포트폴리오	A4 클리어파일 40매용(학습결과물 모음용)
청소용품	미니 빗자루와 쓰레받기, 두루마리 화장지 1개, 물티슈
이름 쓰기	물건마다 이름을 꼭 씁니다(교과서, 학용품, 색연필과 사인펜, 크레파스에는 낱개마다 이름을 써서 보내 주세요).

1학년 시간표

초등학교 1학년의 학교 일정은 보통 이렇게 운영됩니다. 학교마다 등교 시간에 약간씩 차이가 있지만 대부분 학교에서 1교시는 8시 40분에서 9시 사이에 시작합니다. 수업은 교시마다 40분 단위이고, 이는 6학년까지 동일합니다.

점심시간도 학교에 따라 약간씩 다를 수 있습니다. 수업이 다 끝나고 급식을 하는 학교도 있고, 4교시 후 급식을 하고 한 교시 더 하는 학교도 있습니다. 1학년은 주 3~4회 4교시, 주 1~2회 5교시를 하는 학교가 많습니다.

○○ 초등학교 일정표

일정표		요일별 운영 교시	
1교시	09 : 00 ~ 09 : 40	월	4교시
2교시	09 : 50 ~ 10 : 30	화	5교시
3교시	10 : 40 ~ 11 : 20	수	5교시
4교시	11 : 30 ~ 12 : 10	목	5교시
점심시간	12 : 10 ~ 13 : 00	금	4교시
5교시	13 : 00 ~ 13 : 40		

*수업 시간은 이후 학교 교육과정 운영에 따라 변동될 수 있습니다.

1학년 1, 2학기 주요 행사

초등학교에서 진행하는 고정 행사는 대부분 유사합니다. 학교마다 시행하는 달이 다를 수 있지만 일 년 행사는 대부분 다음과 같이 진행됩니다.

1학기						
	3월	4월	5월	6월	7월	8월

주요
학교
행사
	• 입학식, 시업식
	• 전교 어린이
	  회장 선거
	• 학부모 총회
	• 학급 환경 정리
	• 수학경시대회
		• 봄 현장체험학습
		• 학부모 수업 참관
		• 과학의 달 행사
		• 독서 행사
		• 각종 문예대회
		  (~6월)
			• 가족의 달 행사
			• 운동회
			• 학교 재량 휴업
				• 호국보훈의 달
				  행사
				• 글짓기대회
				• 개교기념식
				• 미술대회
					• 기말고사
					• 생존수영교실
					• 여름방학식
						• 여름방학
						• 2학기 개학식

2학기						
	9월	10월	11월	12월	1월	2월

주요
학교
행사
	• 독서의 달 행사
	• 수학여행
	• 발명품경진대회
	• 2학기 체육대회
		• 가을 현장체험학습
		• 한글날기념
		  독서감상문대회
			• 학습발표회
			  (학예제)
				• 기말고사
				• 겨울방학식
					• 겨울방학	• 겨울방학 개학식
						• 졸업식
						• 종업식

위 예시에는 5월에 운동회를 한다고 되어 있지만 가을인 10월에 운동회를 하는 학교도 있습니다. 또 위 예시에는 11월에 학습

발표회를 한다고 되어 있지만 7월에 하는 학교도 있습니다. 이렇듯 시행하는 달에 약간씩 차이가 있지만 초등학교 행사의 큰 틀은 이와 같습니다.

1학년 교육과정과 교과서 미리 보기

이제 우리 아이가 배우게 되는 1학년 교육과정을 알아볼까요? 2024년부터 새로운 교육과정이 적용되는데, 바로 「2022 개정 교육과정」입니다. 2024년 1, 2학년부터 적용되니 내 아이도 이 교육과정에 따라 교육받게 됩니다. 총 수업 시수*는 1, 2학년을 통합해서 다음 표와 같습니다. 2023년까지 「2015 개정 교육과정」에 따라 운영되었다면 2024학년도에 입학하는 아이들부터는 「2022 개정 교육과정」에 따라 배우게 됩니다. 변화를 표로 알아보겠습니다.

---

*수업 시수: 수업을 행하는 시간의 수.

2022 개정 교육과정 수업 시수 변화

구분		2015 개정 교육과정			2022 개정 교육과정		
		1학년	2학년	1~2학년군	주요 변화 내용		1~2학년군
교과 (군)	국어	210	238	448	+34	한글 해득 지원	482
	수학	120	136	256	·	변화 없음	256
	바른 생활	60	68	128	+16	안전→통합교과	144
	슬기로운 생활	90	102	192	+32	안전→통합교과	224
	즐거운 생활	180	204	384	+16	안전→통합교과	400
창체	자율·동아리· 진로·봉사 →자율·자치· 동아리·진로	170	102	272	-34	입학 초기 적응 활동 중 통합교과와 중복 내용 →한글 해득 지원	238
	안전한 생활	30	34	64	-64	통합교과에 흡수·통합	0
연간 총 수업 시수		860	884	1,744			1,744

「2022 개정 교육과정」에서 달라지는 중요한 사항은 2024년부터 초등 1학년 한글 교육 강화를 기조로 국어 시간이 연간 34시간이나 늘어난 점입니다. 입학 초기 적응 활동도 아래 그림과 같이 바뀝니다. 그리고 또 하나 특징적인 점은 '안전한 생활'이라는 교과가 없어진다는 것입니다. 더 정확하게 말하면 바른 생활, 슬기로운 생활, 즐거운 생활로 흡수됩니다.

2022 개정 교육과정 주요 변경 사항

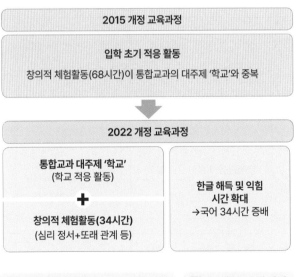

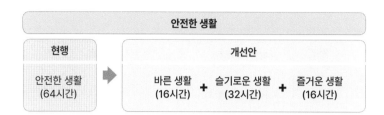

☑ **교과와 연계한 생활 중심의 체계적인 안전 교육**

2024년부터 무엇이 달라지는지 확인했으니 이제 1학년 교육과정을 더욱 자세하게 알아보겠습니다.

초등 1학년 교육과정

- **수업 일수**: 연간 190일 이상 (＊ 학교에 따라 차이가 있을 수 있습니다.)

- **수업 시간**: 초등학교에서 1시간 수업은 40분이 원칙입니다.

- 교육과정은 교과와 창의적 체험활동으로 나뉩니다.

  - **교과(1~2학년군)**: 국어, 수학, 바른 생활, 슬기로운 생활, 즐거운 생활
  - **창의적 체험활동**: 자율 활동, 동아리 활동, 진로 활동

- 입학하여 3월 한 달 동안은 학교 적응 활동을 공부합니다.

- 입학 초기 적응 활동이 끝나면 3개 교과와 창의적 체험활동을 공부합니다.

- **창의적 체험활동**: 자율 활동, 동아리 활동, 진로 활동 3개 영역으로 구성되며 평균 주당 3시간씩 학교 특성에 맞는 교육활동을 실시합니다.
  (영역별 구체적인 활동 내용은 학생, 학급, 학년, 학교, 지역사회의 특성에 맞게 학교에서 융통성 있게 선택하여 운영할 수 있습니다.)

영역	학습 활동	학습 목표
자율 활동	다양한 교육 활동에 능동적으로 참여하기	· 학생의 기초 생활 습관 형성 · 공동체 의식 함양 · 개성과 소질 발현 · 자기 보호 · 위험 대처 능력 등
동아리 활동	집단 활동에 참여하여 협동하는 태도 기르기	
진로 활동	자신의 진로를 탐색하고 설계하기	

• **통합교과**

통합교과는 **바른 생활, 즐거운 생활, 슬기로운 생활**을 주제에 따라서
통합하여 학습하는 교과입니다. 2023년까지(2015 개정 교육과정)
통합교과는 **봄, 여름, 가을, 겨울**이었습니다. 2024년부터는(2022
개정 교육과정) 1-1학기 ① **학교** ② **우리나라** ③ **사람들** ④ **우주**로 바
뀝니다. 1-2학기 ① **하루** ② **이야기** ③ **약속** ④ **상상**으로 구성 예정입
니다 .

다음으로는 교과서를 자세히 알아보겠습니다. 1학년 교과서는 다음과 같습니다.

1학년 교과서 안내

국어	**국어, 국어 활동**으로 구성되어 있습니다. **국어**는 국어 활동의 통합적 기능을 고려한 교과서이며, **국어 활동**은 **국어**에서 배운 내용을 생활에서 내면화하고 실천하는 성격을 지닙니다.
수학	**수학**은 교과서가 총 4권이며, 5~6개 단원으로 구성되었습니다. 교과서 체제 면에서 활동 중심으로 내용을 구성하되, 삽화와 사진으로 놀이를 하면서 익힐 수 있도록 되어 있습니다.
통합 교과	1) **바른 생활, 슬기로운 생활, 즐거운 생활**의 교육과정 대주제를 통일하였습니다. 통합교과의 교육과정 주제는 대주제와 소주제로 나뉘며, 대주제는 초등학교 1, 2학년 학생이 생활하는 장소와 시간에 따라 정하였습니다. 2) 성취기준 중심 교육과정이며 학교, 학급, 학생에게 적절하면서 성취기준을 달성하는 데 알맞은 소재나 활동을 직접 선정할 수 있습니다. 3) 대주제를 중심으로 통합교과서를 개발하였으며, 2022 개정 교육과정에서는 ① **학교** ② **우리나라** ③ **사람들** ④ **우주**로 변경할 예정입니다.

1학년 교과서 간단 정리

교과	교과서 이름	
국어	국어-가, 국어-나, 국어 활동	
수학	수학, 수학 익힘	
통합	① 봄 ② 여름 ③ 가을 ④ 겨울 (2015 개정 교육과정)	① 학교 ② 우리나라 ③ 사람들 ④ 우주 (2022 개정 교육과정)
창의적 체험활동	교과서 따로 없음	

그런데 표를 보면 창의적 체험활동에는 교과서가 따로 없지요? 그래서 아이들이 어떻게 배우는지 궁금하실 겁니다.

현재 교육과정에서는 우리 세대와 미래 세대를 살아갈 아이들에게 필요한 여러 가지 주제로 학습합니다. 성 교육, 진로 교육, 인권 교육, 학교 폭력 예방 교육, 환경 교육, 안전 교육, 독도 교육, 장애 이해 교육 등 주제가 매우 다양합니다. 교육과정을 운영할 때 기본적으로 반드시 교육 시간을 확보해야 하며, 학습 주제는 학년별 수준에 맞추어 운영됩니다. 그래서 1학년 동안 교과서를 사용하지 않고도 창의적 체험활동을 배우게 된답니다.

방과 후 수업과 돌봄교실, 늘봄학교

방과 후 수업과 돌봄교실의 차이를 헷갈려 하는 부모님들이 많습니다. 특히 학교를 처음 보내는 1학년 부모님들이 가장 헷갈려 하고 궁금해하시는데, 지금부터 정확히 알려 드리겠습니다.

방과 후 수업은 대부분 유료

방과 후 수업은 학생이나 학부모의 요구에 따라 수업료를 내고 듣는 수업입니다. 즉, 정규 수업 외에 진행되는 수업이며, 학교 선생님이 아니라 외부 선생님이 하는 수업입니다. 수업은 따로 신청을 받아 진행하며, 학생 누구나 신청할 수 있고, 수업마다 정원이 있으므로 신청자 수가 정원을 넘으면 추첨이나 선착순으로 결정합니다.

돌봄교실은 무상 보육 개념

돌봄교실은 학교에서 아이들을 돌봐주는 교실입니다. 즉, 수업이라기보다 보육 개념이 강합니다. 요즘에는 맞벌이 가정이 많아 늦은 시간까지 아이를 안전하게 맡길 곳이 필요한데, 이를 학교에서 일정 부분 담당해 주는 것입니다. 학교 수업이 끝나고 학원에 가기 전까지 시간이 비는 아이들도 돌봄교실에서 돌봐주고 있습니다.

돌봄교실이 방과 후 수업과 다른 점은 별도로 수업료를 부담하지 않는다는 것입니다. 다만, 전교생이 모두 항상 돌봄교실을 이용할 수 있는 것은 아니고, 학기별로 신청을 받아 추첨으로 선발합니다. 돌봄교실 운영 시간은 아래와 같습니다. 물론 학교마다 약간씩 다를 수 있습니다.

돌봄교실 운영 시간

학기 중	방학 중
방과 후 수업이 끝난 후 ~ 오후 5시까지(3개 반) ~ 오후 7시까지(1개 반)	오전 9시~오후 3시

방과 후 수업과 돌봄교실을 보기 쉽게 표로 정리하면 다음과 같습니다.

방과 후 수업과 돌봄교실의 차이

방과 후 수업	돌봄교실
1. 누구나 신청 가능 2. 학교 애플리케이션이나 문자 또는 담임선생님에게 신청 3. 정규 수업이 끝난 후 시작 4. 분기별로 수업료, 교재비, 교구비를 납부해야 함.	1. 선발 조건: 맞벌이 부부이거나 다음 조건에 해당하면 우선 선발(한부모 가정, 조손 가정, 맞벌이·다자녀 가정, 법정 저소득층) 2. 입학 전 추첨으로 선정 3. 별도로 비용이 발생하지는 않으나 신청 시 오후 간식비는 따로 납부해야 함. 4. 운영 시간은 학교에 따라 다를 수 있음.

2024학년도부터 초등 1학년 늘봄학교 전면 실시

여기에 2024학년도부터 전국 6,163개 초등학교 1학년을 대상으로 방과 후 돌봄 프로그램인 '늘봄학교'를 전면 실시하게 되었습니다.

늘봄학교는 초등 1학년에게 한글, 수학, 음악 등 교과 학습을 놀이 형태로 제공하는 프로그램입니다. 1학년 학생이 점심을 먹고 기존에 공부하던 교실에 있으면 오후 1시 50분 또는 3시까지 늘봄학교가 진행되는 형식입니다. 비용은 교육부가 전액 부담합니다.

늘봄학교는 신청한 학생이 모두 이용할 수 있도록 운영됩니다. '초1 에듀 케어'라는 명칭으로 운영될 늘봄학교는 맞벌이 부모님들께 좋은 대안이 될 것으로 예상됩니다.

학교 도서관 이용법

1학년 아이들이 학교에서 즐겨 찾고 좋아하는 곳 중 하나가 바로 도서관입니다.

'어? 우리 아이가 집에서는 책을 잘 읽지 않는데 도서관을 좋아한다고?'라며 의외라고 생각할 수 있습니다. 그런데 여기에는 그만한 이유가 있습니다. 집에 있는 책과 학교 도서관에 있는 책에 많은 차이가 있기 때문입니다.

1학년 1학기 초에는 아이들이 학교생활에 적응하느라 도서관을 이용할 생각까지는 잘 못합니다. 그렇지만 학교에 적응하고 난 이후에는 쉬는 시간이나 점심시간, 방과 후에 도서관을 찾는 1학년 학생이 많아집니다. 그 이유는 집에 없는 책, 자신이 읽고 싶은 책이 도서관에는 많이 비치되어 있기 때문입니다.

학교에서는 매년 신간을 구입하고 있습니다. 그래서 아이들 사이에 유행하는 재미있는 책이 많고, 원하는 책은 대출도 할 수 있습니다.

책을 대출하려면 '대출증'이 필요합니다. 이는 보통 초등학교에 입학할 때 대부분 학교에서 만들어 줍니다. 예전에는 종이를 코팅한 대출증을 주로 사용했지만, 지금은 대부분 온라인으로 등록합니다. 사서 선생님과 1학년 담임선생님이 등록해 주니, 학교의 안내에 따르면 어렵지 않게 등록할 수 있습니다.

학교 도서관마다 다르지만 보통 2권에서 많은 곳은 5권까지 책을 빌릴 수 있습니다. 대출 기한은 2주 정도입니다. 그런데 간혹 대출했다가 책을 분실하는 친구가 있습니다. 이 경우에는 도서관 사서 선생님이 부모님에게 별도로 연락해 똑같은 도서를 구매해서 도서관으로 가져오게 하거나, 사정이 여의치 않으면 책 정가를 도서관에 납부하는 것이 원칙입니다. 독서지원시스템에서는 전자책을 대여할 때 월 5권으로 제한합니다. 그렇지만 가끔 기간을 정해 놓고 무제한으로 전자책을 대여할 수 있기도 합니다.

요즘은 전자 도서관을 운영하는 시·도와 학교도 많습니다. 시·도별로 마련된 독서교육종합지원시스템(reading.ssem.or.kr)에 접속하여 내 아이가 읽고 싶어 하는 전자 도서를 대출하고 반납하는 활동은 아이에게 좋은 책을 읽게 해 주는 데 큰 도움이 됩니다.

다만, 전자 도서관을 이용할 때 주의할 점이 한 가지 있습니다. 1학년이 전자 도서를 이용하는 초반에는 부모님이 책을 함께 고르는 것이 좋습니다. 한두 번 이용하다 보면 아이 스스로 책을 대출하고 반납할 수 있게 됩니다. 그렇다고 해서 아이가 아무 책이나 대출하고 반납하게 내버려두어서는 안 됩니다.

"○○야, 이 책을 읽으면 어떨까?"

"○○야, 네가 읽고 싶은 책은 뭐니? 한번 골라 보렴."

이렇게 함께 책을 고르고 대출하는 과정은 1학년 시기 아이에게 올바른 독서법을 길러 주는 데 유용합니다.

독서교육종합지원시스템(reading.ssem.or.kr)
학생들의 자율적 독서 활동을 활성화하고자 독서 정보 제공, 독서 표현 활동, 독서 지도 등을 지원하는 독서 프로그램 시스템입니다. 여기에서는 도서 검색, 대출·반납 관리, 장서 관리 등 학생들의 도서관 이용을 지원하는 학교도서관업무관리시스템(DLS)을 연계하여 어디에서든 책을 접할 수 있습니다.

출석과 결석

입학해서 학교에 다니다 보면 여러 사정으로 결석을 해야 하는 일이 생깁니다. 그런데 학교에 가지 않는다고 해서 모두 결석으로 처리되는 것은 아닙니다. 학교에 가지 않아도 출석으로 인정되는 경우가 있기 때문입니다. 그렇다면 어떤 경우에 출석으로 인정되고, 어떤 경우에 결석으로 처리되는지 알아보겠습니다.

결석의 종류

1. 병결: 질병 때문에 결석하는 경우입니다.
   - 결석한 날부터 5일 이내에 의사의 진단서나 의견서 등을 첨부한 결석계를 제출합니다.
2. 미인정 결석: 태만이나 가출, 출석 거부로 결석하는 경우입니다.

출석으로 인정하는 경우

1. 천재지변, 「학교보건법」 제8조에 따른 등교 중지, 법정 전염병 등 불가항력의 사유
2. 학교장의 사전 허가를 받아 '학교(교육청)·국가를 대표하

는 대회 및 훈련 참가, 교환·교류 학습, 현장체험학습' 등
으로 출석하지 못하는 경우

3. 경조사 때문에 출석하지 못하는 경우

- 경조사가 발생해 출석하지 못하는 경우에 인정되는 일수
는 다음과 같습니다.

출석으로 인정되는 경조사 일수

구분	대상	일수	비고
결혼	형제, 자매	1	
입양	본인	20	
사망	부모, 조부모, 외조부모	5	※휴무일, 토요일, 공휴일은 경조사 일수에 산입하지 않음.
	증조부모, 외조부모, 형제 · 자매 및 그의 배우자	2	
	부모의 형제, 자매와 그의 배우자	1	

코로나19 이후 달라진 학교 모습

시대의 흐름에 따라 초등학교 현장도 많은 부분에서 달라지고 있습니다. AI 교시, 창의융합과학실 등 교육 환경도 변화하고 있고, 코로나19 이후 학습 방법이나 학습 분위기도 많이 바뀌었습니다. 이를 좀 더 자세히 알아보겠습니다.

학습 형태 변화

원래 초등 저학년 교실에서는 그룹 활동이 많은 편이었습니다. 그룹 활동을 하면서 서로 이해하고 협동하는 방식을 배울 수 있기 때문입니다. 지금도 필요하면 적절한 형태로 그룹 활동을 합니다만, 코로나19를 거치며 개별 활동이 조금 더 많아진 분위기입니다.

학부모 참여 활동 감소

코로나19 이후 학교에서 주관하는 학부모 모임이나 참여 활동도 줄어들었습니다. 과거에는 신입생 학부모 연수, 학부모 교육, 학부모 회의 등 다양한 학부모 행사가 개최되었으나 지금은 이런 행사가 많이 줄었고, 기존 행사도 온라인으로 많이 전환되었습니다. 이는 코로나19 이후 확실하게 바뀐 부분이지만 맞벌이 부부가 늘어난 시대의 흐름에 따른 현상이기도 합니다.

체험학습 정상화

1학년 아이들에게는 교실에서 공부하는 것만큼이나 신체 활동과 체험활동을 하는 것이 매우 중요합니다. 그러나 단체로 움직여야 하는 특성상 지난 몇 년간은 코로나19 감염 우려 때문에 체험활동이 막혀 있었습니다. 엔데믹이 선언된 2023학년도부터는 다행히 신체 활동과 체험활동을 대부분 정상으로 진행할 수 있게 되었습니다.

나이스 학부모서비스

학부모라면 반드시 알아야 할 사이트가 하나 있습니다. 바로 '나이스 대국민 학부모서비스'입니다. 나이스 학부모서비스는 인터넷으로 자녀의 학교생활을 편리하게 확인할 수 있는 학교, 학생, 학부모의 소통 창구입니다.

나이스 학부모서비스에서 학부모는 자녀의 학교생활을 꼼꼼히 챙길 수 있고, 학교생활 기록부를 포함해 교육 제증명을 발급

받을 수도 있습니다. 자녀의 학교생활 기록부와 출석 현황, 학교 성적, 수상 경력, 봉사 활동, 자격증까지 모든 학업 정보를 열람할 수 있는 서비스입니다.

이처럼 나이스 학부모서비스를 잘 이용하면 학교에 직접 가지 않고도 자녀의 학교생활을 알 수 있다는 장점이 있습니다. 이런 이유로 자녀를 학교에 처음 보내는 1학년 학부모에게는 참 유용한 사이트라고 할 수 있습니다. 더불어 나이스 학부모서비스에 등록된 학교의 교육과정, 학적 정보 등을 바탕으로 간편하게 수업을 개설할 수도 있습니다. 모바일 애플리케이션으로도 나와 있어 스마트폰에서 쉽게 활용할 수 있습니다.

나이스 학부모서비스(parents.neis.go.kr)
전국 1만여 초·중·고·특수 학교와 17개 시·도 교육청, 교육부가 모든 교육 행정 정보를 네트워크로 연결한 종합 교육 행정 정보 시스템입니다. 성적, 출석, 생활 기록부 등 자녀의 학교생활 정보를 인터넷으로 편리하게 확인할 수 있는 학교, 학생, 학부모의 소통 창구입니다.

나이스 학부모서비스 제공 정보

구 분	서비스 내역
학생정보	시간표, 출석부(출석현황, 출석상세조회), 학교생활 기록부(학교생활 기록부, 창의적 체험활동), 교육비납입현황, 교과평가, 내자녀 등록, 자녀정보조회
학생생활	학교안내(기본정보, 정보공시, 학교환경정보), 학사일정(연간일정, 월간일정), 식단표(월간식단), 가정통신문, 주간학습안내, 방과 후 학교(조회 및 신청, 신청현황, 출석조회), 초등돌봄교실(돌봄교실 신청, 돌봄교실 신청현황, 출결조회), 봉사활동내역, 진로활동내역
학생건강	건강기록부, 신체활동(활동처방, 현재 상태, 활동분석), 스포츠클럽, PAPS(평가결과, 평가결과이력, 통계 분석, PAPS지수), 예방접종내역
학생상담	공지사항, 신청 및 조회(선생님과의 상담, 상담내역)
학생교육	학업지도(소개페이지, 내자녀학업지도, 전출입 절차 및 방법, 학업지도 관련사이트, 학업지도게시판), 인성지도(소개페이지, 내자녀이해하기, 사이버공간이용방법, 인성지도상담), 진학지도, 진로지도(소개페이지, 내자녀진로지도, 진로검사 및 진로정보), 특수아지도(영재아지도, 장애아지도, 학습부진아지도), 에듀넷학습정보, 학원교습소안내, PAPS 학습모형
의사소통	공지사항, 자주묻는질문, 홍보자료
이용안내	이용안내(서비스안내, 모바일서비스안내, 회원가입절차, 회원정보변경, 본인확인안내, 아이핀안내, 학부모용인증서안내, 공인인증서발급안내, 내자녀등록안내, 홈페이지이용안내, 설문조사참여안내), 사이트맵

10장

학부모가 궁금해하는 질문들

학교에 상담 기간이 따로 있나요?

지난 2016년 9월 「부정청탁 및 금품등 수수의 금지에 관한 법률」(일명 김영란법)이 시행된 이후 학교 현장에서는 굉장히 조심스러워하는 분위기가 생겨났습니다. 법률이 시행된 지 10년이 다 되어 가지만 조심스러운 분위기는 여전합니다. 이에 따라 학부모님이 아무 때나 선생님과 상담하려고 학교로 찾아오겠다고 하면 아마 손을 가로젓는 선생님이 많을 것입니다.

학교에서는 대부분 일 년에 1~2회 학부모 상담 기간을 둡니다. 기간은 대략 일주일 안팎이며, 이 기간에 선생님께 먼저 상담 신청을 하고 일정에 따라 상담을 진행하면 됩니다. 상담 시간에는 아이에 관해 자세한 이야기를 나눌 수 있습니다.

그렇다고 일 년 중 딱 이때만 선생님과 상담할 수 있는 것은 아닙니다. 대부분 선생님들은 학부모님의 상담에 연중 문을 열어 두고 있습니다. 하지만 무턱대고 선생님을 찾아가기보다는 미리 문자 메시지로 선생님에게 상담을 원하는 이유를 알리고, 상담 가능 시간을 확인한 후에 상담하는 게 좋습니다.

궁금한 점이 있을 때 선생님께 따로 연락해도 되나요?

부모님이 선생님에게 따로 연락을 하는 것이 잘못된 일은 아닙니다. 하지만 2023년에 교육계뿐 아니라 사회 전체에 큰 충격을 준 사건들이 발생하면서 선생님과의 관계를 어렵게 느끼는 부모님이 많아진 것도 사실입니다.

그러나 사실 대부분 선생님들은 아이와 관련해 부모님이 궁금한 점을 물어보면 친절하고 자세하게 안내해 드리는 편입니다. 다만 연락이 원활하지 않을 때가 있기는 합니다.

선생님이 맡은 학년에 따라 조금씩 다르지만 대부분 학교 선생님은 수업이 시작되는 8시 40분부터 수업을 마치는 오후 3시까지 매우 바쁩니다. 따라서 꼭 통화해야 하는 일이라면 오후 3시와 5시 사이에 연락하는 것이 좋고, 아주 급한 일이 아니라면 문자 메시지를 남기는 편이 좋습니다. 늦게라도 문자 메시지를 확인하면 선생님들은 친절히 답변해 드릴 것입니다.

오후 5시 이후는 학교 전체 일정이 거의 마무리되는 시간입니다. 그러니 아이와 관련해 아주 급한 일이 아니라면 학교 근무 시간 내에 연락하는 것이 좋습니다.

선생님은 어떤 학부모를 좋아할까요?

예전과 달리 요즘에는 선생님과 부모님이 직접 만날 기회가 많지 않습니다. 아마 일 년에 입학식, 공개수업일, 운동회 등 많아야 4~5회 정도일 것입니다. 그렇다고 해서 선생님이 부모님을 알 수 있는 기회가 전혀 없는 것은 아닙니다.

선생님은 아이가 챙겨 오는 준비물, 일기, 아이가 자주 하는 말과 행동 등으로 부모님을 알게 됩니다. 아이가 자꾸 엉뚱한 준비물을 가져오거나 버릇없는 말과 행동을 자주 한다면 선생님은 걱정스러운 마음이 들게 마련입니다. 따라서 준비물 잘 챙겨 주기, 가족 간에 화목하게 지내기, 자녀를 사랑하고 잘 보살피기, 바른 가정 교육으로 성실성과 예절을 갖춘 아이 기르기 등을 잘 해 낸다면 선생님께 사랑받는 부모님인 것입니다. 그런 부모님 밑에서 자란 아이 또한 선생님께 사랑받게 될 것은 당연합니다.

학교 폭력을 당했을 때 올바른 대처 방법은 무엇인가요?

처음 아이를 학교에 입학시켜 놓고 나서 부모님들이 많이 하는 걱정은 이런 것들입니다.

'아이가 학교생활에 잘 적응하고 있을까?'

'수업은 잘 듣고 있을까? 바른 자세로 앉아 있을까?'

그런데 시간이 지날수록 이런 생각도 많이 하게 됩니다.

'친구들이랑 잘 지내고 있을까?'

'친구들한테 괴롭힘을 당하고 있지는 않을까?'

이런 생각을 하는 와중에 아이가 이렇게 말하면 가슴이 철렁 내려앉습니다.

"엄마, 오늘 ○○이가 나를 때렸어."

부모님은 아이가 학교 폭력을 당했다는 생각에 머릿속이 복잡해지고 마음에서 화도 차오를 것입니다. 하지만 이런 일이 생기면 흥분을 가라앉히고 차분히 생각할 필요가 있습니다.

대부분 담임선생님의 지도로 해결돼요

앞서 1학년 아이의 특성에서 설명했듯 1~2학년 아이들은 자기중심적 사고가 굉장히 강한 편입니다. 다른 친구가 몸을 살짝만 건드려도 맞았다고 생각하는 경우가 상당히 많고, 장난을 치면서 간단한 신체 접촉이 발생해도 때렸다고 받아들이는 아이가 많기 때문입니다.

따라서 내 아이의 말이 전부 진실은 아닐 수도 있다고 생각하고 아이의 이야기를 들어야 합니다. 특히 아이가 맞았다고 말하는 그 상황을 자세히 물어보세요. 아마 대부분은 아이가 과하게 받아들인 경우일 겁니다. 그럴 때는 부모님이 아이에게 그 상황을 잘 설명해 주어야 합니다. 그래야 아이가 스스로 납득할 수 있기 때문입니다.

대부분은 이렇게 해결되지만 실제로 괴롭힘을 당한 경우가 발생하기도 합니다. 그때는 담임선생님과 연락하는 것이 가장 바람직합니다. 대부분 담임선생님은 반 아이들의 상황을 잘 알고 있습니다. 그래서 문제가 발생한 아이의 상황도 잘 알고 있을 확률이 높습니다. 만약 모른다 하더라도 피해 아이와 상대 아이를 하루 이틀 살펴보거나 상담해 보면 금방 상황을 파악하게 됩니다. 특히나 1학년 아이라면 그 정도가 심각하지 않을 확률이 높고, 담임선생님의 지도로 대부분 해결되므로 너무 걱정하지 않아도 됩니다.

하지만 과도한 괴롭힘이 지속적으로 발생하거나 담임선생님 선에서 해결되지 않는다면 '학교폭력자치위원회'에 신고하여 해결할 수 있습니다.

시험은 언제, 어떻게 치나요?

많은 부모님의 기억 속에 남아 있는 시험은 지필평가인 중간고사와 기말고사일 것입니다. 하지만 예전과 달리 요즘은 많은 학교에서 지필평가를 폐지하는 추세입니다. 물론 여전히 지필평가를 치르는 학교도 있습니다만, 시험을 치더라도 1학년은 해당되지 않는 경우가 많습니다.

지필평가는 학교장과 학교 선생님들이 의논하고 결정한 후 학교운영위원회의 의결을 거쳐 최종 결정되므로, 학교마다 차이가 있을 수 있습니다. 어떤 학교는 1학기에만 지필평가를 치고, 어떤 학교는 2학기에만 지필평가를 치는 등 학교마다 다양한 형태로 결정하고 있습니다. 그러므로 내 아이가 입학한 학교의 1학년 교육과정을 살펴보고 지필평가 실시 여부를 미리 파악해 두는 것이 중요합니다.

많은 부모님은 시험을 치지 않는 것에 우려를 표하기도 합니다. 아이들이 어릴 때부터 디지털 콘텐츠에 길들여지고, 코로나19 팬데믹 기간에 온라인 학습이 늘어나는 등 여러 요인으로 학생들의 기초 학력 저하 문제가 자주 제기되고 있기 때문입니다.

이 때문에 1, 2학기에 모두 지필평가를 실시하되, 중간고사는 건너뛰고 기말고사만 치는 학교도 있습니다. 학교마다 상황이 다르니 꼭 내 아이가 입학한 학교의 정보를 알아 두시기 바랍니다.

수행평가는 무엇인가요?

수행평가란 학생이 자신의 지식이나 기능을 드러낼 수 있는 결과물을 만들거나 행동, 태도, 발표 등 다양한 방법으로 평가하는 방식을 말합니다. 교과 특성에 따라 형성평가, 실기평가, 작품 분석, 태도 관찰, 과제 이행, 조사 보고, 발표, 일기 쓰기 등 다양한 형태로 진행됩니다.

수행평가는 학기 내내 상시 진행됩니다. 선생님이 아이들을 교과 활동에 따라 상시 평가한다고 보면 됩니다. 1학년 선생님들의 수행평가 영역을 표로 정리하면 다음과 같습니다.

수행평가 영역 및 평가 방법

교과	평가 영역						평가 방법
국어	듣기	말하기	읽기	쓰기	문법	문학	직접·간접 평가, 총체적 평가
수학	수와 연산		도형	측정	확률과 통계	규칙성	과정 중심 평가, 주관식 지필평가
바른 생활	1, 2학년의 대주제를 중심으로 평가. 학교와 나, 봄, 가족, 여름, 이웃, 가을, 우리나라, 겨울						면담, 관찰, 보고서, 실기
슬기로운 생활							자기·상호 평가, 누가 기록[*], 관찰
즐거운 생활							자기·상호 평가, 실기, 관찰

[*]누가 기록: 학교에서 학생 개인의 학업, 행동 발달 경과를 전반적이며 계속적으로 기록하는 일.

「2015 개정 교육과정」에서 「2022 개정 교육과정」으로 넘어오면서 수행평가는 이렇게 달라집니다.

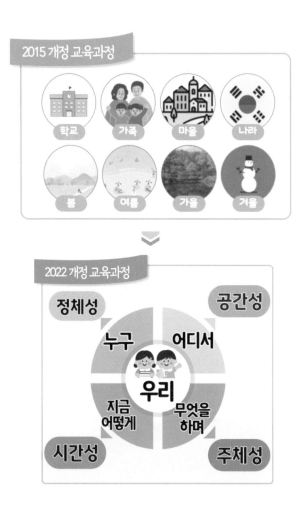

알림장과 가정통신문은 어떻게 확인하나요?

1학년이 되면 매일 알림장을 적습니다. 알림장 내용은 주로 다음 날 행사, 준비물, 학부모님이 알아야 할 사항 등입니다. '알림장'이라는 공책이 따로 있으니 부모님은 매일 이를 확인하면 됩니다.

그런데 몇 년 전부터 알림장 공책을 사용하지 않는 담임선생님이 늘어나고 있습니다. 아직 글씨 쓰기가 서툰 1학년 아이들은 알림장을 적는 데 많은 시간이 들기 때문입니다. 그래서 1학년 담임선생님들이 알림장 대신 다양한 소통망을 이용하는 경우가 많이 늘어났습니다. 소셜네트워크서비스(SNS)인 밴드나 클래스팅, 학급 단톡방 등을 이용하는 것이지요. 그 덕분에 선생님도 부모님도 더 편하게 알림장을 쓰고 확인할 수 있게 되었습니다.

물론 모든 선생님이 다 그런 것은 아닙니다. 여전히 손으로 쓰는 알림장을 이용하는 선생님도 많으니, 내 아이의 담임선생님이 어떤 방식을 활용하는지 확인해 보는 것이 좋습니다.

가정통신문은 보통 학교에서 발행하는 안내문입니다. 학교의 행사나 전체적으로 부모님들이 알아야 할 사항을 비정기적으로 발행하여 가정으로 보내는 방식입니다. 필요할 때마다 보내고 있으니 수시로 확인하는 것이 좋습니다. 가정통신문을 종이로 보내는 동시에 학교 홈페이지나 학교 애플리케이션에 업로드하는 경우도 많으니, 이 역시 수시로 확인하는 것이 좋습니다.

체험학습은 별도로 신청하나요?

체험학습은 가족 여행 등 외부 활동을 학교에 알리고 출석을 인정받는 것을 말합니다. 출석으로 인정받으려면 '체험학습 신청서'와 '체험학습 결과 보고서'를 써서 제출해야 합니다.

'체험학습 신청서'는 보통 일주일 전에 담임선생님에게 제출하면 됩니다. 일정이 급하게 잡혔다면 전날에 제출해도 인정해 주는 편입니다. '체험학습 결과 보고서'는 체험학습을 다녀오고 나서 제출하면 됩니다. '체험학습 신청서'와 '체험학습 결과 보고서'는 학교 홈페이지에 양식이 올라와 있으니 내려받아 활용하면 됩니다.

체험학습 신청 가능 일수는 학교마다 약간씩 차이가 있습니다. 학교 규칙에 따라 다르지만 보통 수업 일수의 10% 전후이므로, 15일에서 20일 사이라고 보면 됩니다.

다음은 체험학습 규정과 절차 예시, 체험학습 신청서와 결과 보고서 작성 사례입니다.

○○초등학교 학교장 허가 교외현장체험학습 규정

① 「학교장 허가 현장체험학습」은 **시간 단위로 산정하여 운영할 수 없으며 1일 단위로 운영한다.**

② 본교 학교장 허가 현장체험학습 **수업 인정 일수는 (15)일**로 한다.

③ 학교의 학교장 허가 현장체험학습 출석 인정 일수를 초과하거나 사전 허가된 기간을 초과하여 체험학습을 실시할 경우 **'미인정 결석' 처리**함을 원칙으로 한다. 단, 천재지변이나 현지 교통사정 등으로 불가피하게 허가 기간을 초과한 경우는 보고서 제출 후 '학교장'의 최종 판단에 따라 '기타 결석'으로 처리할 수 있다.

④ 보호자가 체험학습 신청서를 제출하였다고 하여 체험학습이 허가된 것이 아니며 학교장의 결재가 이루어지면 반드시 담임교사가 허가 여부를(통보서) 체험학습 전에 보호자에게 통보한 후 체험학습을 실시하도록 한다.

⑤ 체험학습은 공휴일, 방학, 재량휴업일은 제외하며, 횟수는 제한 없음을 원칙으로 한다.

⑥ 본교의 학교장 허가 현장체험학습 활동 **허가·인정 내용**은 다음과 같다.

　-가족 여행, 친·인척 방문, 견학 활동, 기타 체험활동(학교에서 교육적으로 판단되는 학교 밖 활동)으로 한다.

⑦ 본교의 학교장 허가 현장체험학습 활동 **불허 내용**은 다음과 같다.

　-위험성이 높은 체험학습, 상업적 체험학습, 학원 수강(예술·체육계 포함), 진학이 결정된 상급 학교에서 훈련, 해외 어학 연수, 미인정 유학 등 출결 상황 관리에서 미인정 결석으로 처리되는 사안

○○초등학교 학교장 허가 현장체험학습 절차

단계	주체	내용
체험학습 신청서 제출	보호자	• 학교장 허가 현장체험학습 신청서를 **3~7일 전까지** 보호자가 작성 후 담임교사에게 제출 • 제출 양식 탑재: 학교 홈페이지>공지사항 • 출력하기 어려우면 담임교사에게 사전 요청
신청서 결재	학교	• 교외체험학습 운영 책임이 있는 학교장 결재 **(담임-교감)**
허가 여부 통보	담임 교사	• 체험학습 출발 전까지 보호자에게 체험학습 허가 통보서 서면 통보
현장체험 학습 실시	인솔자 및 학생	• 목적에 따라 안전한 현장체험학습 실시
보고서 제출	학생 및 보호자	• 학교장 허가 현장체험학습 결과 보고서를 현장체험학습 **종료 2일 이내**에 담임교사에게 제출 • 제출 양식 탑재: 학교 홈페이지>공지사항 • 보고서 제출 쪽수는 **2쪽 이내**, 내용은 일정별로 느낀 점과 배운 점을 중심으로 기록

○○초등학교 학교장 허가 교외체험학습 신청서와 보고서

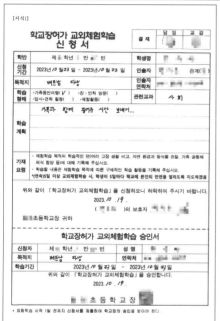

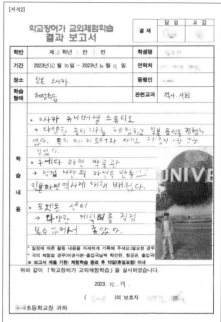

방학 동안 공부는 어떻게 지도해야 하나요?

방학, 아이들에게는 생각만 해도 즐거운 기간입니다. 3월부터 7월까지, 9월부터 12월까지 매 학기를 숨 가쁘게 달려온 아이들이 한숨을 돌리며 휴식을 취하고, 가족과 함께 여행도 가는 황금 시간이기 때문입니다. 많은 부모님과 아이들이 방학이 시작될 때마다 이런 생각을 합니다.

'이번 방학만큼은 정말 뜻깊게 보내야지!'

하지만 막상 방학이 시작되고 하루 이틀 지나다 보면

'어? 벌써 방학이 끝나 버렸네? 어휴, 방학 때 제대로 한 일이 하나도 없네.'

이런 생각을 하며 한숨짓게 됩니다.

여기에서 문제는 방학 때 흐트러진 생활이 개학 후에도 이어진다는 점입니다. 방학 기간에 자유롭게 지내던 아이들은 개학을 해도 한참 동안 적응하지 못하고 힘들어하는 경우가 많습니다. 그래서 방학 때 아이가 지나치거나 모자라지 않게 스스로를 잘 제어하는 습관을 들이는 것이 중요합니다. 이는 모든 학습에 도움이 되는 습관이기도 합니다. 그렇다면 방학 때 아이가 스스로를 제어하고 학습도 병행하는 방법을 알아보겠습니다.

방학 기간 학습법

① 독서와 체험학습 활동은 필수

방학은 내 아이가 한 단계 성장할 수 있는 최고의 기회입니다. 이때 무엇을 해야 아이에게 큰 도움이 될까요? 두말할 필요 없이 독서와 체험활동입니다.

독서가 좋다는 것은 누구나 잘 알지만 사실 학기 중에는 체계적으로 독서를 하기가 쉽지 않습니다. 방과 후 수업, 학원, 숙제 등 다양한 이유 때문에 독서를 규칙적으로 하기에 하루 일정이 녹록지 않습니다. 자투리 시간을 이용해서 독서를 한다고 해도 집중하기 힘든 경우가 많습니다.

그러나 방학은 집중력 있게 독서할 수 있는 아주 적절한 기회입니다. 독서 효과는 '(정+정) 법칙'이 적용될 때 극대화될 수 있습니다.

(정+정) 법칙이란 '정해진 시간에+정해진 장소에서'라는 독서 법칙입니다. 이를 잘 적용할 수 있는 기간이 방학 때입니다. 아침마다 시간과 장소를 정해 독서를 하면 됩니다. 9시면 9시, 10시면 10시로 시간을 정하고, 자신의 책상이나 소파, 식탁 등 책 읽을 장소를 정하는 것이지요. 그렇게 한 달 이상 매일 꾸준히 독서를 실천하면 아이의 사고력과 창의성이 껑충 뛰어오를 것입니다.

체험학습 또한 아이에게 아주 중요한 역할을 해 줍니다. 체험학습이 지닌 본연의 힘은 아이들이 책에서만 보던 것을 실제로 보고, 눈으로만 보던 것을 직접 조작하는 과정을 거치면서 더 오래 기억하고, 더 깊이 있게 알게 되는 데 있습니다. 이 역시 학기

중에는 시간을 내어 하기가 어려우므로, 상대적으로 시간 여유가 있는 방학 때 많이 해 보면 좋습니다.

방학 중 체험활동은 또 하나의 선물을 줍니다. 바로 가족과 함께 시간을 보냄으로써 체험학습 본연의 배움뿐 아니라 가족의 사랑 또한 커 간다는 점입니다. 따라서 부모님이 반드시 활동을 함께 해야 합니다. 아이는 방학이지만 맞벌이 부모님은 직장에 다니느라 바쁘실 겁니다. 그래도 아이를 위해 최대한 시간을 투자해 주세요.

그런데 체험학습을 할 때 유의할 점이 있습니다. 바로 철저한 '준비'입니다.

체험학습은 크게 3단계로 나눌 수 있습니다.

첫째, 가기 전 준비 단계

둘째, 현장에서 견학하는 단계

셋째, 다녀와서 포트폴리오를 만드는 단계

대다수 부모님이 '갔다 와서 포트폴리오를 만드는' 셋째 단계에 가장 관심을 많이 기울입니다. 하지만 체험학습에서 가장 중요한 단계는 바로 '가기 전 준비' 단계입니다. 어떤 체험학습이든 미리 조사하고 가면 훨씬 효과가 큽니다. 사전 조사에서 어느 정도 배경지식을 쌓고 체험학습을 할 때와 그렇지 않은 때의 차이는 실로 엄청납니다.

"오늘은 경주로 체험학습을 가 보자."라며 갑자기 짐을 싸서 떠나기보다는 아이가 경주에 관심을 가질 수 있는 기회를 먼저 주세요. 아이가 스스로 인터넷이나 책을 찾아 경주에 관해 조사할 수 있도록 도와주어야 합니다. 저학년일수록 더욱 그렇습니다. 그렇게 미리 준비하고 공부해서 체험학습을 떠난다면 아이의 머리와 가슴과 심장에 최고의 효과를 심어 줄 것입니다.

② 복습과 예습으로 학력 신장 성공

방학은 부족한 학력을 올릴 수 있는 기회이기도 합니다. 이때는 특히 지난 학기 복습과 다음 학기 예습에 중점을 두어야 합니다. 그런데 많은 부모님이 복습을 소홀히 여기는 면이 있습니다. 복습보다 예습에 몰두하는 모습이 이를 말해 줍니다.

하지만 이는 아주 잘못된 방법입니다. 그 이유는 모든 교육과정이 나선형이기 때문입니다. 많은 것이 이전 학년의 교육과정과 연계되어 있으므로 복습과 예습을 적절히 병행해야 합니다.

또 많은 부모님이 '예습'이라고 생각한 것이 실제로는 '선행 학습'인 경우가 많습니다. 부모님들은 이 둘의 차이점부터 명확하게 인식해야 합니다.

예습과 선행 학습의 공통점은 다음에 학습할 부분을 미리 공부한다는 점입니다. 같은 말 아니냐고요? 이 둘에는 큰 차이점이 있습니다.

예습은 영화로 치면 '예고편'이라고 할 수 있습니다. 우리는 어떤 영화의 예고편을 보면서 '이 영화를 꼭 보고 싶다.', '이 영화는 꼭 봐야겠구나.' 하는 호기심과 의지를 갖게 됩니다. 예습은 이런 것입니다.

그런데 선행 학습은 '훑어보기'라고 할 수 있습니다. 예습처럼 영화에 비유해서 설명해 볼까요? 분명히 남보다 먼저 어떤 영화를 보기는 봤습니다. 그래서 대강의 줄거리는 알지만 막상 그 영화의 내용을 깊이 있게 이해하지는 못했습니다. 그러면서도 그 영화를 다시 볼 때는 '이미 봤던 영화잖아.' 하면서 내용에 집중하지 못합니다.

선행 학습이 바로 이와 같습니다. 앞선 내용을 배우기는 배우는데 깊이 있게 이해하는 경우가 드문 것입니다. 하지만 학원에서는 늘 선행 학습을 강조합니다. 이는 학원이 부모님들의 심리를 파악해 영리하게 영업 활동을 하는 것입니다.

부모님은 내 아이가 1학년인데 학원에서 2학년 내용을 배우고 있고, 2학년인데 3학년 내용을 배우고 있으면 '우리 아이가 이 학원을 다녀서 다른 아이보다 훨씬 앞서 배우고 공부도 잘하는구나.'라고 생각하게 됩니다. 이는 학원이 만들어 준 착각일 수도 있습니다. 이런 방법에 '그래, 바로 이거야!' 하며 넘어가는 부모가 되어서는 안 됩니다.

녹색어머니회, 학부모회 등 학부모 참여 활동에는 어떤 것이 있을까요?

앞서 설명했듯 코로나19 여파로 학부모 참여 활동이 많이 줄었습니다. 기본적으로 늘 열리던 학부모 참여 활동도 온라인으로 하거나 대부분 규모가 대폭 줄었습니다.

코로나19가 끝나고 학부모 참여 활동이 원상 복귀된 학교도 있지만 그렇지 않은 학교도 있습니다. 녹색어머니회도 그렇습니다. 녹색어머니회를 유지하는 학교도 있고 그렇지 않은 학교도 있습니다. 다만 학교의 지리적 위치 등으로 교통 상황 위험이 있는 학교에서는 녹색어머니회를 유지하는 경우가 많습니다.

만약 내 아이의 학교가 녹색어머니회를 유지하는 학교라면 되도록 참여하는 것이 좋습니다. 내 아이를 비롯한 친구들의 안전을 살필 수 있고, 내 아이도 학교 근처에서 교통 안전을 지도하는 부모님을 만나면 즐거워하기 때문입니다. 괜히 부모님이 자랑스러워지고 어깨를 으쓱하게 되는 것은 덤입니다.

학부모 참여 활동의 다른 예로는 학부모회가 있습니다. 학부모회의 주요 역할은 교육 공동체의 한 주체로서 학교교육 발전을 위해 학교 운영에 의견을 제시하고, 학교교육을 모니터링하며, 학부모 자원봉사 등을 하는 것입니다. 더 크게 보면 학교의 사업으로서 해당 학교 학부모회에서 규정한 사업을 수행하는 것이기도 합니다.

학부모회 정기 총회는 보통 3월 말에 많이 열리고, 그때 임원도 뽑습니다. 내 아이가 다니는 학교에 관심이 많고 시간도 허락된다면 학부모회 활동을 해 보기를 추천합니다. 과거와 달리 요즘 학부모회는 회비 등 비용 부담도 없습니다. 학부모회 활동으로 내 아이와 아이가 다니는 학교를 더 잘 이해할 수 있으니 시간 여유만 있다면 참여하기를 권장합니다.

학부모회와 관련한 내용은 회원을 모집하는 학기 초에 자세히 공지되니 그때 잘 알아보고 결정하면 됩니다. 꼭 학부모회가 아니더라도 학교마다 다양한 학부모 참여 활동이 있으니 가정통신문 등을 확인해 보고, 가능한 활동에 참여해 보는 것을 추천합니다.

○○초등학교 학부모회 활동

분야	주요 활동	활동 시간	대상 및 참여 빈도
녹색어머니회	등교 시 교통 안내	08:30~09:00	모든 학부모, 연 2~3회
학부모폴리스	오후 시간 교내외 순시	13:00~15:00	희망 학부모, 연 4회 (신청자 수에 따라 달라짐)
어머니 사서	도서관 봉사 활동	13:00~15:00	희망 학부모 (신청자 수에 따라 달라짐)
급식 재료 검수 어머니회	급식 재료 검수	07:50~08:20	희망 학부모, 연 2회

학부모회와 학교운영위원회는 무엇이 다른가요?

아이를 학교에 보낸 1학년 학부모가 되면 학교에서 일어나는 다양한 일을 자세히 알고 싶어집니다. 그래서 학부모가 참여할 수 있는 활동을 알아보다 보면 학부모회와 학교운영위원회의 존재를 알게 됩니다. 그런데 학부모회와 학교운영위원회가 어떻게 다른지는 잘 모르는 경우가 많습니다. 이 둘은 모두 학부모가 참여한다는 공통점이 있지만, 서로 역할과 구성원은 다릅니다.

특히 가장 큰 차이점은 학부모회는 자치 조직이고, 학교운영위원회는 학교의 중요 사항과 예산 결산을 심의하고 자문하는 기구라는 점입니다. 좀 더 쉽게 설명해 볼까요? 둘의 차이점을 표로 정리하면 다음과 같습니다.

학부모회와 학교운영위원회 비교

	학부모회	학교운영위원회
의미	해당 학교에 재학하는 학생의 모든 학부모로 구성되며, 교육 공동체의 일원으로서 학교교육 활동에 직접 참여하는 학부모 **자치 조직**	학교 구성원인 학부모, 교직원, 지역 인사가 참여하여 학교 정책 결정의 민주성과 투명성을 위해 학교 운영의 중요 사항을 심의, 자문하여 자율로 결정하는 단위 학교의 **교육 자치 기구**
참여 방법 및 참여자	• 해당 학교에 재학하는 모든 학생의 부모 등 보호자라면 누구나 참여 가능 • 회장, 부회장, 총무, 학년별 대표 등으로 구성	① 학부모위원: 학부모 전체 회의에서 직접 선출 ② 교원위원: 교직원 전체 회의에서 무기명 투표 ③ 지역위원: 학부모위원/교원위원의 추천을 받아 무기명 투표
주요 역할	• 학교 운영에 의견 제시 • 학교교육 모니터링 • 학교교육 활동 참여, 지원 • 자녀교육 역량 강화를 위한 학부모 교육 • 그 밖의 학부모 학교 참여 사업	• 학교 예산안과 결산, 학교운영지원비 조성, 운영, 사용 • 학교 급식, 학교 교육과정 편성과 운영 • 교복, 졸업 앨범 등 학부모 경비 부담 사항, 공모 교장의 공모 방법, 임용, 평가 등 학교 운영 전반을 심의, 자문

아이가 학교에서 다쳐서 왔어요

아이가 학교에서 다치는 일, 가끔 일어나는 일입니다. 운동장에서 체육 수업을 하다가 넘어져서 팔이 부러지거나, 복도에서 뛰다가 넘어져서 치아를 다치거나 하는 경우입니다.

만약 아이가 학교에서 다쳤다면 부모님은 당황하지 말고 일단 병원부터 가야 합니다. 아이가 치료받는 것이 최우선이기 때문입니다. 병원에서 치료받은 후 부모님이 반드시 해야 할 일이 있는데, 학교안전공제 제도를 활용하여 경제적 지원을 받는 것입니다.

학교안전공제 제도란, 교내에서 발생한 예기치 못한 사고에 신속하고 적정하게 보상하여 학생과 교직원, 교육 활동 참여자가 안전하게 학교생활을 하도록 지원하는 시스템입니다.

학교안전공제 제도로 지원받는 절차는 다음과 같습니다.

1단계 (사고 통지)
학교에서 신청

2단계 (치료 후 청구)
학교 청구서, 진료비 영수증 원본, 청구자 통장 사본, 50만 원 초과 시 진단서와 주민등록등본 제출

3단계 (심사 및 지급)
공제회 우편 접수 후 14일 내 지급

그렇다면 학교에서 다친 모든 상황에서 학교안전공제 제도로 지원받을 수 있을까요? 그렇지는 않습니다. 학교에서 발생한 사고 중에서도 학교안전공제회의 통지 대상에 해당하는 경우만 지원받을 수 있습니다. 학교에서 발생한 사고여도 지원받을 수 없는 경우는 다음과 같습니다.

1. 보건실 등에서 간단히 치료하여 종결되거나 의료기관에서 치료받지 않아도 될 경우
2. 교육 활동 중 발생한 사고가 아닌 지병 등일 경우

온라인 수업을 할 때는 어떤 준비를 하나요?

온라인 수업은 코로나19가 대유행할 때 처음 생겨난 수업 방식입니다. 저학년일수록 선생님의 손길이 많이 필요한데, 당시에 1학년도 온라인으로 수업을 해야 해서 참 걱정이 많았습니다. 그런데 예상외로 1학년 친구들이 온라인 수업에 빠르게 적응해서 놀랐던 기억이 있습니다.

지금은 대부분 학교에서 수업이 정상화되어 온라인 수업을 하지 않고 있습니다. 하지만 그 가능성을 배제할 수는 없습니다. 언제든 코로나19 같은 대규모 전염병이 발생하면 온라인 수업을 다시 할 확률이 높기 때문입니다. 그렇게 되면 학교와 담임선생님들이 온라인 수업 방법을 자세히 안내합니다. 이를 잘 따라오기만 하면 부모님도, 아이도 어렵지 않게 적응할 수 있습니다.

코로나19가 한창이던 당시에는 주로 화상 회의 플랫폼인 줌(www.zoom.us)을 이용해 온라인 수업을 했습니다. 이는 초등학교뿐 아니라 대학교, 직장 등에서도 많이 활용한 방법입니다. 그래서 이미 경험해 본 부모님들은 다시 온라인 수업을 하더라도 어렵지 않게 잘 따라올 수 있을 것입니다.

아이 혼자 등하교를 해도 괜찮을까요?

'아이가 학교에 가다가 무슨 일이라도 생기지는 않을까?'

1학년 입학을 앞둔 부모님이라면 이런 고민을 한 번쯤은 해 보셨을 겁니다. 처음 학교를 보내는 데다 어린아이를 혼자 보내 자니 불안한 마음이 드는 것도 당연합니다. 또 '아이가 혼자 교 실에 있다가 사고가 생기지는 않을까?' 하는 두려움을 느낄 수도 있습니다.

저 같은 경우는 학교에 일찍 출근하는 편입니다. 아이들이 등 교하기 전에 할 일을 미리 해 두려는 것 외에 다른 이유가 더 있 습니다. 아주 가끔 저보다 교실에 먼저 들어오는 친구들이 있기 때문입니다. 혹시 저보다 먼저 오는 아이들이 있을까 염려하는 마음에 만일의 사고에 대비하려고 출근을 서두르는 것이지요.

요즘 대부분 학교에는 교문에 등교 도우미 아저씨가 있습니 다. 등교 도우미가 학교에 일반인이 출입하지 못하도록 관리하 기에 사고가 생길 확률이 낮습니다. 그렇지만 너무 이른 시간에 아이가 등교하는 것은 바람직하지 않다고 생각합니다. 특별히 아침 일찍 등교해야 한다면 한번씩 등교를 도와주는 것이 좋지 만, 많은 친구가 등교하는 시간에는 부모님이 등교를 도와줄 필요는 없습니다. 등굣길에 친구들과 만나 이야기하는 것도 아이에게는 즐거운 일이 될 수 있습니다. 무난한 등교 시간에는 아이 스스로 등교할 수 있으니 별다른 걱정을 하지 않아도 됩니다.

학교와 집의 거리가 멀고, 부모님이 시간이 있다면 입학 초기에는 부모님이 함께 하교하는 것이 좋습니다. 아이에게 사고가 생기지 않는다는 보장이 없기 때문입니다. 1학년은 보통 2~3주, 길어도 한 달 정도 같이 하교를 해 보면 별다른 어려움 없이 잘 적응합니다. 부모님이 같이 하교하며 아이에게 신호등과 위험 지역, 주의해야 할 도로 등을 자세히 이야기해 주면 아이들은 주의를 기울이며 하교하는 습관을 들이게 됩니다.

우리 아이만 수업 진도를 못 따라갈까 봐 걱정돼요

'우리 아이가 한글을 다 배우지 못하고 1학년이 되었는데 괜찮을까요?'

'우리 아이는 덧셈과 뺄셈도 다 안 배우고 입학했는데 괜찮을까요?'

혹시라도 내 아이가 다른 아이들에 비해 뒤처지지는 않을까,

교과서 진도를 제대로 따라갈 수는 있을까 하고 걱정하는 부모님이 많을 겁니다. 1학년 3월 한 달 동안은 '입학 초기 적응 활동(친숙한 학교생활, 바른 학교생활, 즐거운 학교생활, 슬기로운 학교생활)'을 배우니 특별히 걱정할 것은 없습니다. 4월부터는 국어, 수학, 통합교과를 배우기 시작합니다.

1학년 1학기에는 한글에 어려움이 있거나 셈하기를 잘 못하더라도 너무 크게 걱정하지 않아도 됩니다. 교육과정의 내용 자체가 많이 어렵거나 배울 내용이 많지 않은 까닭입니다. 그래서 잘하는 아이와 못하는 아이의 편차가 크지 않습니다.

그렇지만 기본적인 읽기와 쓰기 능력, 간단한 셈하기 능력을 갖추고 있지 않으면 갈수록 학습에 어려움을 겪게 됩니다. 따라서 부모님이 입학 전까지 기본적인 읽기와 쓰기, 셈하기 능력을 가정에서 어느 정도 지도하고 보내는 것이 초기 적응에 큰 도움이 됩니다. 기본적인 능력만 갖추면 교과 진도를 따라가거나 학습 내용을 이해하는 데 어려움은 없습니다.

1학년 1학기에는 아주 기초적인 것만 갖추어도 충분합니다. 하지만 2학기부터는 국어책의 글도 늘어나고 이해해야 하는 부분도 많아집니다. 수학도 1학기에는 '9까지의 수, 여러 가지 모양, 덧셈과 뺄셈, 비교하기, 50까지의 수'를 배우므로 내용을 못 따라가거나 어려워하는 아이들이 거의 없습니다.

그러나 2학기부터는 '100까지의 수, 여러 가지 모양, 덧셈과 뺄셈 1.2.3, 시계 보기와 규칙 찾기' 등 내용이 조금 어려워지기 시작합니다. 이때부터는 수업 진도를 못 따라가거나 내용을 이해하지 못하는 아이들이 조금씩 생깁니다. 그러므로 1학년 2학기부터는 읽기, 쓰기, 셈하기 등을 집에서도 복습하며 공부해야 합니다. 그렇게 한다면 별다른 어려움 없이 교육과정을 잘 이해하고 학습 능력을 갖춘 아이로 성장할 수 있습니다.

학원은 몇 학년부터 보내면 좋을까요?

예체능 분야 학원을 보내는 것은 좋다고 생각합니다. 다만, 내 아이가 즐거워하고 적성에 맞는 예체능 학원을 보내는 것을 추천합니다. 스스로 흥미 있고 즐거워한다면 아이들이 피로를 덜 느끼고 열심히 다니는 동기가 되어 줍니다.

하지만 1학년 때는 학습을 위주로 하는 학원은 지양하는 편이 좋습니다. 1학년만 해도 부모님과 정서적인 교감을 나누는 것이 매우 중요하기 때문에, 학원에서 많은 시간을 보낸다면 아이들이 체력적으로나 정서적으로 벅찰 수 있습니다.

맞벌이 부부인 경우에는 학습 위주인 학원보다는 방과 후 수업을 우선으로 고려하는 것을 추천합니다. 요즘 방과 후 수업은 커리큘럼이 다양하고 강사의 교육 수준도 학원 못지않으므로 방과 후 수업이나 새롭게 생기는 늘봄교실을 먼저 고려하기를 바랍니다.

단 수학의 경우 2학년 정도부터 학원에 보내는 것을 추천합니다. 물론 이에 반대하는 선생님도 있겠지만, 저는 2학년 때부터 수학 학원을 보내든지 수학 학습지를 꾸준히 하라고 추천하는 편입니다.

2학년부터 수학 학원을 권하는 이유는 수학은 누적 계산 시간과 학습 시간이 아주 중요한 과목이기 때문입니다. 수학을 잘하는 아이는 자신이 모든 공부를 잘한다고 믿는 경향이 큽니다. 그러므로 수학을 잘하는 것은 아이에게 자신감을 심어 줌과 동시에 다른 과목의 학습 능력에도 긍정적인 영향을 끼칩니다.

덧붙여 저희 아이도 2학년 때부터 졸업할 때까지 수학 학원은 한 번도 빠지지 않고 보냈습니다. 그리고 그것이 중학교, 고등학교에 가서도 수학을 아주 잘하는 원동력이 되었습니다. 그 결과 고등학교 때와 대학수학능력시험에서 수학 성적이 매우 뛰어났고, 자신이 원하는 대학에 갈 수 있는 기반이 되어 주었습니다.

1학년 부모들은 잘 느끼지 못하지만 그만큼 수학이 차지하는 부분은 아이의 대학을 결정짓는 데 중요한 역할을 합니다. 물론 집에서 부모님이 수학을 꾸준하게 지도할 수 있다면 그것도 괜찮습니다.

영어 학원에 관한 내용은 이 책에서 다루지 않겠습니다. 영어 교육의 목적과 생각이 부모님마다 크게 다르니, 부모님의 선택이 무엇보다도 중요하다고 생각합니다.

아이가 학교생활을 잘하고 있을까요?

'요즘 내 아이가 학교생활을 잘하고 있을까?'

첫 일 년간 아이를 학교에 보내다 보면 자주 학교생활이 궁금해질 것입니다. "요즘 학교생활 어떠니? 엄마에게 이야기해 줘." 이런 질문을 하면 아이들은 정말 다양한 반응을 보입니다. 어떤 아이는 조잘조잘 참새처럼 학교생활을 다 이야기하는 반면, 어떤 아이는 꿀 먹은 벙어리처럼 대답을 하지 않기도 합니다. 이는 성격과 개인차가 크기에 대답을 강요하기는 힘듭니다.

부모라면 아이가 학교생활을 자세히 이야기하지 않더라도 아이가 보내는 다양한 신호를 잘 알아차려야 합니다. 아이들은 학교생활이 힘들고 어려우면 말이 아니어도 행동과 모습으로 표현하게 됩니다.

그렇다면 내 아이가 보내는 신호에는 어떤 것이 있을까요? 내 아이가 학교생활을 힘들어할 때면 흔히 보이는 반응이 있습니다.

- 혼자 있으려 하고, 방에서 혼자 있는 시간이 늘어납니다.
- 갑자기 전학을 보내 달라고 말합니다. 이유를 물으면 "그냥."이라고 대답합니다.
- 공책이나 책에 낙서가 늘어납니다.
- 학습에 흥미를 잃고, 평소와는 다르게 공부를 너무 힘들어합니다.
- 평소 친한 친구 이야기를 많이 하던 아이가 그 친구 이야기를 아예 하지 않습니다.

물론 이 같은 반응이 하나 생겼다고 해서 당장 큰일이 벌어진 것은 아닙니다. 그렇지만 이런 행동이나 반응이 두 가지나 그 이상이라면 내 아이의 학교생활에 문제가 생겼을 확률이 높습니다. 그래서 평소와 다른 행동을 한다면 내 아이를 조금 더 유심하게 살펴보아야 합니다.

그렇다면 이런 상황이 닥쳤을 때는 어떻게 대처해야 할까요? 먼저 대화 시간을 만들어 내 아이의 말을 잘 들어 주어야 합니다. 충분히 듣고 난 이후에는 아이의 말에 반드시 공감해 주어야 합니다. 사실이든 아니든 간에 아이의 편에서 맞장구를 쳐 주는 게 중요합니다. 그런 다음 상황에 맞는 적절한 조언을 해 주면 됩니다.

어른의 관점에서는 아무것도 아닌 일이 아이의 눈높이에서는 아주 크고 힘든 일인 경우가 많습니다. 부모님이 건네는 따뜻한 대화가 아이의 힘듦을 눈 녹듯이 녹이곤 한다는 사실을 잊어서는 안 됩니다.

아이가 상을 받으면 좋아할까요?

아이들이 가장 기뻐하는 일 중 하나는 바로 상을 받는 것입니다.

"○○○. 미술대회 금상!"

교실에서는 자주 상장을 수여합니다. 담임선생님으로서 아이들에게 상장 수여를 할 때면 저는 아이들의 표정을 꼭 살펴봅니다. 그때 대부분 아이들이 일 년 중에서 가장 즐겁고 행복한 표정을 짓습니다. 또 상장을 받은 아이의 하루는 생기가 가득하고 세상 모든 것을 얻은 듯한 자신감에 차서 당당하게 행동합니다. 그런 모습이 참 귀엽습니다.

상장은 1학년 아이들에게 엄청나게 큰 자극제가 되고 자부심을 가지게 해 줍니다. 예전보다는 상장이나 대회가 많이 사라졌지만 그래도 상장을 수여할 기회가 종종 있습니다.

각 학교마다 조금 차이가 있지만 육상대회, 수학경시대회, 발명품경진대회, 방학과제물상, 글짓기대회, 미술대회 등 수많은 상이 존재합니다.

내 아이에게 많은 대회에 참가하도록 기회를 열어 주는 것은 중요한 일입니다만, 상의 권위에 너무 연연할 필요는 없습니다. 꼭 금상이나 은상이 아니어도 괜찮습니다. 장려상이나 참가상도 아이들에게는 귀중한 자극제가 되니까요. 그리고 외부에서 하는 대회에도 참가하면 도움이 됩니다. 이처럼 상장을 받을 수 있는 기회를 많이 열어 주는 것도 부모님이 해야 하는 중요한 역할입니다.

11장

1학년 아이들의
생생한 고민들

친구랑 싸웠어요

"선생님, ○○이가 저를 때렸어요."

1학년 아이들이 시무룩한 표정으로 선생님 책상에 찾아와 자주 하는 말입니다. 선생님들이 거의 매주 듣는 말이기도 합니다.

1학년 아이들이 친구와 다투고 가벼운 몸싸움을 하는 것은 매우 흔한 일입니다. 그래서 이런 말을 하며 다가오는 아이에게 선생님인 저는 이렇게 되묻습니다.

"음, 그래? 그렇다면 그 친구가 너에게 왜 그랬는지 선생님이 물어볼게."

그러면서 때린 친구를 불러 왜 그랬냐고 물으면 대부분 이렇게 대답합니다.

"장난으로 그랬어요."

"일부러 그런 게 아니라 실수로 건드린 거예요."

실제로 1학년 아이들 사이에서 서로를 심하게 괴롭히거나 과격한 싸움을 하는 일은 거의 일어나지 않습니다. 하지만 다른 친구를 괴롭히는 일은 가끔 일어나기도 하고, 더 가끔이기는 하지만 싸우기도 합니다.

그럴 때 사실 담임선생님으로서 아이들과 이야기해 보면 상황을 바로 알아차릴 수 있습니다. 그래서 괴롭힘이나 싸움이 지속적으로 이어지는 경우는 거의 없습니다. 그렇다고 가정에서 이 일을 모르고 지나쳐도 된다는 뜻은 아닙니다. 다만 적절하게 대응할 필요는 있습니다.

부모님들은 가끔 1학년인 내 아이에게 이렇게 묻곤 합니다.

"학교에서 너를 괴롭히는 친구가 있니? 누구니?"

이는 좋은 질문이 아닙니다. 있어도 대답하지 않을 수 있기 때문입니다.

"요즘 어떤 친구랑 친하니? 어떤 친구가 좋니? 그 친구와 주로 무엇을 하고 노니?"

이렇게 물으면 아이들은 곧잘 대답합니다. 그리고 여기에 덧붙여 자신을 괴롭히거나 자신과 싸운 친구를 이야기합니다. 물론 실제로 그런 일이 있었다면 말입니다.

"응. ○○하고는 친한데 △△하고는 별로 안 친해. 며칠 전에는 △△하고 싸웠어."

이런 식으로 아이가 스스로 이야기를 꺼낼 수 있도록 질문하는 것이 좋습니다. 이로써 내 아이의 반응을 살피고, 실제로 괴롭힘이나 싸움이 있었는지를 파악하는 것은 좋은 방법입니다.

친한 친구가 없어요

친구 관계는 1학년 아이들이 가장 많이 하는 고민이자 중요한 문제입니다. 제가 1~2학년 담임을 맡는 동안 부모님에게 가장 많이 듣는 질문이기도 합니다.

"선생님, 우리 ○○이는 반에 친한 친구가 한 명도 없다는데, 어떡하죠?"

희한하게도 많은 학부모가 토씨 하나 틀리지 않고 이러한 고민을 똑같이 털어놓습니다. 하지만 부모가 걱정하는 만큼 그 아이는 친구 관계가 나쁘지 않습니다.

왜 그런 걸까요? 바로 1학년 아이들의 특성 때문입니다. 대부분 1학년 아이들은 친구들과 특별한 문제 없이 사이좋게 지내는 편입니다. 하지만 1학년 아이들은 단짝 친구가 자주 바뀌곤 합니다. 어느 날은 A 친구와 친했다가 얼마 후 B 친구와 친하게 지내고, 또 얼마 지나지 않아 C 친구와 친하게 지내곤 합니다. 그래서 계속 같이 다닌다거나 둘만 일 년 내내 붙어 다니는 일은 드문 편입니다. 이제 왜 저런 이야기가 나오는지 이해하시겠지요?

이 때문에 1학년 아이들은 스스로 친한 친구가 없다고 생각하고 부모님께 이야기하곤 합니다. 저는 친구 관계로 고민하는 자녀를 둔 부모님께 이 이야기를 해 주는 편입니다. 그러면 대부분 고개를 끄덕입니다.

"그래도 친한 단짝 친구를 만들어 주고 싶어요."

내 아이에게 단짝 친구를 만들어 주고 싶으면 이런 방법이 있습니다. 단짝 친구가 오래가는 사이는 보통 부모님이 친한 사이인 경우가 많습니다. 어머니끼리 모임을 하거나 친하면 아이들도 따라서 친하게 지내곤 합니다. 1학년 아이들은 서로 함께 시간을 많이 보내는 친구를 친하다고 여기는 경향이 있기 때문입니다.

어머니끼리 친해지면 단짝 친구가 생길 확률이 그만큼 높아질 것입니다.

발표가 무서워요

제가 근무하는 학교에서는 매년 4월에 중요한 행사가 하나 열립니다. 바로 '학부모 공개수업'입니다. 학부모 공개수업은 학교마다 시기에 차이가 있지만 보통 연 1~2회 실시합니다.

'내 아이가 수업 시간에 잘하고 있을까?'

이는 학교를 처음 보내는 모든 학부모의 관심사이자 고민입니다. 그래서 공개수업을 앞두고 기대 반 걱정 반으로 마음이 두근거리게 마련입니다.

학부모 공개수업이 끝나고 나면 반응은 극과 극으로 나뉩니다. 발표를 잘한 아이의 부모님은 활짝 웃고 있고, 발표를 잘하지 못한 아이의 부모님은 세상 시름을 다 짊어진 표정이기 때문입니다.

발표가 그 정도로 중요한 것일까요? 저는 단연코 "아니요!"라고 말하고 싶습니다.

발표는 실력보다 성격

사실 1학년 아이들의 발표는 그 아이의 실력이나 자세와는 무관하다고 봐야 합니다. 그보다는 오히려 아이의 성향이나 성격과 관련이 깊습니다.

발표를 또박또박 잘하는 아이는 원래 성격이 적극적이고 남의 눈에 띄기를 좋아하는 경우가 대부분입니다. 반면에 발표를 두려워하거나 잘하지 못하는 아이는 성격이 소극적이거나 남의 눈에 띄는 것을 즐기지 않는 성향인 경우가 많습니다.

어떤 아이는 저에게 이렇게 고백한 적도 있습니다.

"선생님, 저는 손드는 것이 무서워요."

어쩌면 1학년 아이에게 발표는 그 자체로 상당히 부담스럽고 어려운 일일 수 있습니다. 그러니 내 아이의 발표 실력을 심각하게 걱정할 필요는 없습니다. 2학년이 되고, 3학년이 되고, 학년이 올라가면서 발표 실력은 자연스럽게 나아지기 때문입니다.

1학년은 모든 면에서 기초를 배우는 시기입니다. 따라서 1학년 때 발표하는 경험을 많이 해 보면 시간이 지날수록 부담감이 줄어들어 발표를 잘하게 됩니다. 이는 적극적인 아이든 소극적인 아이든 마찬가지입니다. 결국 시간이 해결해 주는 문제인 것입니다. 그러니 아이에게 발표를 잘해야 한다는 부담감을 주지 말고, 부모님도 내 아이가 발표에 소극적이라고 해서 걱정하지 않으셔도 됩니다.

준비물을 까먹었어요

1학년 친구들 중에 아침에 머뭇거리며 선생님 책상으로 다가와 이렇게 말하는 경우가 가끔 있습니다.

"선생님, 오늘 준비물을 안 가져왔어요. 어떡해요."

하늘이 무너질 것 같은 얼굴을 한 아이에게 저는 이렇게 말한답니다.

"그래? 선생님이 우리 ○○이에게만 몰래 그 준비물을 줄까?"

그러면서 슬그머니 준비물을 내어 줍니다. 그러면 먹구름이 잔뜩 꼈던 아이의 얼굴이 금세 햇살을 머금은 해바라기 같은 표정이 됩니다.

요즘 학교 현장에서는 준비물 걱정을 할 필요가 없습니다. 부모님 세대가 어렸을 때는 스스로 모든 준비물을 챙겨 가야 했지만 지금은 많이 달라졌습니다. 학교 현장에 거의 모든 것이 다 준비되어 있습니다. 웬만한 학용품은 학교에서 다 제공해 주는 편입니다. 입학할 때 챙겨야 할 준비물 외에는 가정에서 준비해야 할 것이 거의 없을 정도입니다. 물론 가끔은 가정에서 준비해야 할 것이 있기도 하지만, 깜빡하고 못 챙겼다고 해서 세상이 무너질 것처럼 걱정할 필요는 없습니다.

그렇다고 해서 준비물 챙기는 습관을 들일 필요가 없는 것은 아닙니다. 이는 교육 차원에서 매우 중요한 일이므로 필요한 준비물을 스스로 챙기도록 지도해 주어야 합니다. 또 학교에 거의 모든 것이 있다고 해서 부모님이 아이의 준비물에 소홀해지는 것도 바람직한 모습은 아닙니다.

선생님이 매일 적어 주는 알림장을 잘 확인하고 필요한 준비물은 챙겨 갈 수 있도록 도와주세요. 왜냐하면 다른 아이들은 준비물을 가져왔는데 자신만 준비하지 못했다면 아이의 기가 죽을 수 있기 때문입니다. 부모님에게도 선생님에게도 스스로한테 실망한 아이를 보는 것만큼 속상한 일은 없을 것입니다.

숙제가 걱정돼요

"숙제가 너무 많을까 봐 겁이 나요."

"초등학생이 되면 숙제가 많다는데 진짜예요?"

초등학교 입학 전부터 숙제 걱정을 하는 아이들이 제법 있다고 들었습니다. 그러면 정말로 1학년은 숙제가 많을까요?

먼저 아이들을 안심시켜 줄 필요가 있습니다. 실제 학교에서는 숙제를 내어 주는 선생님이 거의 없습니다. 1학년은 학습만 중요한 것이 아니기 때문입니다. 학습 외에도 학교 적응, 수업 태도, 생활 태도 갖추기, 기본 생활 습관 갖추기, 식사 습관 바로 기르기 등 배워 나갈 것이 너무도 많습니다.

그래서 1학년 담임선생님들은 대부분 숙제를 내어 주지 않는 편입니다. 선생님마다 학급을 경영하는 데 중요시하는 부분이 다르기 때문에 차이가 있지만 숙제를 내어 주는 선생님은 아주 드뭅니다.

가끔 학습과 관련해 숙제를 내어 주는 선생님도 있지만 아마도 대부분 기초 학력을 갖추어야 할 부분일 것입니다. 그렇기에 1학년 아이들이 숙제에 부담을 느끼기는 힘듭니다. 1학년 아이의 숙제 걱정은 저 멀리 날려 보내도 충분할 것입니다.

스마트폰이 갖고 싶어요

학교에 입학한 1학년 아이가 스마트폰을 가지고 있는 경우는 거의 없습니다. 그런데 학기가 지날수록 스마트폰을 들고 다니는 아이가 점점 늘어나곤 합니다.

1학년 때 스마트폰을 가지고 있는 아이들은 부모님이 맞벌이인 경우가 많습니다. 학교 수업이 끝나고 원활하게 연락하려는 용도인데, 어떤 아이에게는 스마트폰이 꼭 필요하기도 합니다.

1학년 아이들은 주변에 스마트폰을 사용하는 친구가 있으면 몹시 부러워합니다. 그래서 부모님께 떼를 쓰기도 합니다.

"엄마, 나도 스마트폰 사 주세요. ○○이는 스마트폰을 가지고 있는데 나는 없잖아요."

1학년 아이의 시선에서 볼 때 게임을 할 수 있고 인터넷도 할 수 있는 스마트폰은 꼭 갖고 싶은 물건일 겁니다. 그것을 갖고 싶어 떼쓰는 아이를 보며 이런 생각을 하는 부모님이 있을 것 같습니다.

'그래, 내 자식이 원하는 일인데, 기죽지 않게 스마트폰을 사주자.'

그러나 1학년 담임을 많이 맡아 본 저로서는 절대 반대입니다.

1학년뿐만 아니라 초등 저학년에게 스마트폰은 긍정적인 요소보다 부정적인 요소가 훨씬 많습니다. 비율로 치면 1:9 정도라고 볼 수 있습니다.

1학년 아이에게 스마트폰이 꼭 필요한 경우는 부모님과 연락할 때뿐입니다. 부모님의 맞벌이여서 아이를 챙길 사람이 없는 경우가 아니라면 스마트폰을 사 주는 것을 절대 추천하지 않습니다.

보통 학교에서도 휴대전화 사용 승낙서를 만들어서 허락을 받아야만 학교에 가져오거나 사용할 수 있도록 하고 있습니다. 그 예가 아래 사진입니다.

물건을 잃어버렸어요

"선생님, 내 연필이 없어졌어요."

"선생님, 지우개가 사라졌어요."

하루에도 몇 번이나 아이들에게 듣는 이야기입니다. 이때 저는 친절하게 아이들의 물건을 찾아 줍니다. 왜냐하면 물건을 잘 잃어버리는 것은 1학년 아이들의 행동 특성상 아주 자연스러운 일이기 때문입니다.

우리 반에는 분실물 바구니를 하나 만들어 두었습니다. 교실에서 어떤 물건을 주웠을 때 바구니 안에 넣어서 주인이 스스로 찾아가게 하려는 것입니다. 그랬더니 뭔가를 잃어버린 아이들이 가장 먼저 들여다보는 곳이 되었습니다.

1학년 아이들이 자신의 물건을 잘 챙기는 것은 결코 쉬운 일이 아닙니다. 부모님은 그 사실을 인정하고 그에 맞는 반응을 보이면 됩니다. "어디에서 무엇을 할 때 썼는지 생각해 볼까?" 또는 "아까 어디에서 본 것 같은데, 한번 찾아볼래?" 이렇게 말하며 스스로 찾도록 도와주면 좋습니다.

"넌 왜 네 물건을 잘 챙기지 못하니? 아이, 답답해." 이런 말은 지양해야 합니다.

아이가 물건을 잘 잃어버리지 않게 하려면 모든 학용품에 아이의 이름을 적어 주는 것이 좋습니다. 그래야 그 물건을 볼 때마다 아이는 '내 것'이라고 생각하여 관리하는 습관을 들이게 됩니다.

간혹 아이들이 교실이 아닌 운동장에서 물건을 잃어버릴 때도 있습니다. 이럴 때는 학교 행정실에 가 보면 됩니다. 대부분 학교에서 행정실에 분실물 보관소를 설치해 두기 때문입니다.

학교 운동장에서 자주 볼 수 있는 분실물은 아이들의 외투입니다. 날이 더워서 아이가 외투를 벗어 둔 채로 놀다가 그냥 놔두고 가는 경우가 많습니다. 아이가 놀다가 외투를 잃어버렸다고 하면 행정실로 연락해 보세요. 대부분 잘 보관되어 있습니다.

용돈이 부족해요

하교 시간에 교문을 나서는 아이들을 보면 표정이 정말 밝습니다. 수업을 마쳤다는 후련함과 친구와 조잘대는 즐거움이 넘쳐 집으로 향하는 시간이 참으로 즐겁기 때문입니다. 그런데 이렇게 즐거운 하굣길에 만나는 문구점과 편의점이 아이들을 유혹하곤 합니다.

다른 친구들이 문구점이나 편의점에 들어가서 사고 싶은 것을 사고, 먹고 싶은 것을 사 먹는 모습을 보면 당연히 부러움을 느끼게 됩니다.

"엄마 아빠, 저 돈 좀 주세요."

1학년 아이들이 갑자기 이런 말을 할 때면 부모님은 난감해지곤 합니다. 하지만 "1학년이 용돈이 왜 필요하니? 필요한 건 다 사 주는데."라고 대답하면 곤란합니다.

아이들에게 하굣길은 유혹하는 것이 너무 많은 곳이고, 작지만 그 즐거움을 견디는 것은 쉬운 일이 아니기 때문입니다. 그렇다고 소중한 내 아이니까 사고 싶은 것 다 사고, 먹고 싶은 것 다 사 먹으라고 돈을 주는 것은 좋은 방법이 아닙니다. 이때 부모님이 아이와 함께 의논해서 방법을 찾아가기를 권장합니다.

"음, 그럼 일주일에 한 번 먹고 싶은 것이나 사고 싶은 것을 사는 것은 어떨까?"

일주일에 한 번 정도 금액을 정해서 문구점에 가거나 먹고 싶은 것을 스스로 사 먹게 하면 자제력도 생기고 만족감도 얻게 됩니다. 더불어 돈을 관리하는 기초 능력도 키울 수 있습니다.

젓가락질이 힘들어요

1학년 초기에는 급식 시간마다 선생님도 아이들도 땀을 뻘뻘 흘립니다. 왜일까요? 말을 안 해도 눈치챈 분이 많을 텐데, 바로 아이들의 젓가락질 때문입니다.

1학년이 젓가락질을 잘하기란 무척 힘든 일입니다. 앞서 1학년의 특성에서도 이야기했듯이 1학년은 악력 자체가 약합니다.

"선생님, 우리 애는 젓가락질이 잘 안 되는데 포크를 사용하면 안 될까요?"

가끔 이런 질문을 하는 부모님이 있습니다. 그러면 저는 이렇게 대답하곤 합니다.

"어머님, 처음 1학년을 포크로 시작하면 1학년이 끝날 때도 포크를 사용하게 된답니다. 생각보다 아이가 젓가락질에 잘 적응할 수 있을 거예요."

실제로 1학년 급식 시간은 이런 모습입니다.

"선생님, 젓가락 사용하는 게 너무 힘들어요."

이렇게 투정을 부리는 아이가 있습니다. 그러면 저는 이렇게 이야기해 줍니다.

"음, 우리 ○○이는 무엇이든 금방 배우는 아이니까 젓가락질도 금방 해낼 수 있을 거야."

1학년 아이들은 다른 친구들이 하는 모습을 보면서 스스로 배우는 경향이 강합니다. 실제로 젓가락질을 잘하는 친구를 보며 스스로 배워 나가는 아이들이 대부분입니다.

시간이 지나고 학년이 올라갈수록 발표를 부담스러워하지 않듯이, 젓가락질 또한 시간이 지날수록 잘해 내게 됩니다. 이 사실을 부모님도 잘 기억해 두시기 바랍니다.

배고파요, 잠이 와요

1학년이 된 후 아이들이 집에 와서 자주 하는 말이 있습니다.

"배고파요."

"잠이 와요."

이런 말을 많이 들으면 '어, 얘가 왜 갑자기 이런 말을 하지?' 싶겠지만, 사실 아이들이 교실에서도 자주 하는 말입니다. 내 아이가 무언가 달라진 것이 아니라, 유치원과는 전혀 다른 환경에 적응하느라 자연스럽게 나오는 말이지요.

유치원에서는 간식 시간이 있고 수업도 놀이 중심이기에 아이들이 배고픔을 느낄 겨를이 없습니다. 하지만 학교에서는 간식 시간이 따로 없고 두뇌 활동이 더 많기에 아이들이 배고픔을 더 잘 느끼게 됩니다. 하루 4~5시간 동안, 쉬는 시간 10분씩을 제외하고 계속 수업에 참여하는 일은 상당한 체력을 필요로 합니다.

우리 교실에서도 3~4교시만 되면 아이들이 아우성입니다. "선생님, 배고파요."라는 소리가 몇 번이나 나오고, 괜스레 칠판 옆에 붙어 있는 급식 배식표를 보며 "와, 맛있겠다."라고 이야기하는 아이들이 하나둘이 아닙니다.

3~4월을 지나 5월에 접어들면 서서히 적응하니, 학기 초에 아이들이 이런 말을 자주 하더라도 아주 자연스러운 현상이라고 생각해 주세요.

부모님께서는 집에 돌아온 아이를 위해 간식을 넉넉히 준비해 주시고 저녁 식사도 유치원에 다닐 때보다는 좀 더 잘 챙겨 주세요. 더불어 아이들이 너무 늦은 시간에 잠들지 않도록 일찍 재워 주세요. 그래야 다음 날 체력적으로 힘들어하지 않습니다.

시험을 못 쳐서 겁이 나요

1학년은 앞에서 이야기했듯이 시험을 치는 학교가 있고 치지 않는 학교가 있습니다. 중간고사, 기말고사라는 이름으로 시험을 치지 않더라도 1학년 때 가끔 학습지 형태나 다른 형태로 평가를 하게 됩니다.

1학년 아이들은 그날 배운 내용을 학습지로 테스트하는 것도 시험이라고 생각하는 경향이 있습니다. 그래서 잘 적지 못하거나 다 하지 못하면 자신이 부족하다고 생각하게 됩니다.

만일 학습지나 시험지를 가져왔을 때 "왜 이렇게 시험을 못 쳤지?", "이것도 모르니?"라고 핍박을 주거나 결과에 너무 민감해하지 않는 부모가 되기를 바랍니다.

1학년 아이들에게 결과를 너무 강요하다 보면 학습에 싫증을 느끼고 거부감을 가지게 됩니다. 1학년 시절에는 결과보다 과정을 중요시해야 하고, 모르는 것을 탓해서는 안 됩니다. 하나씩 설명하면서 보충 설명을 해 주는 것이 부모님의 바른 자세입니다.

시험지를 나누어 주면 2학년 학생 중에는 자신이 틀린 부분을 연필로 고쳐서 선생님에게 가져오는 경우가 종종 있습니다.

"선생님, 이것 맞혔는데 틀렸다고 되어 있어요."

틀린 문제를 맞힌 것처럼 고쳐서 오는 이유는 무엇일까요? 물어보았더니, 문제를 틀려서 집에 가져가면 엄마에게 혼난다고 하더군요. 이제 아시겠죠? 시험 결과로 야단치면 아이들은 시험에 부담감을 느끼고 겁을 내게 되는 악영향을 준답니다.

12장

2학년이 되면
달라지는 것들

1학년이 끝나갈 때쯤 선생님들은 아이들을 보며 이렇게 이야
기합니다.

　"아기에서 학생이 되어 간다."

　2학년이 되면서 아이들이 모든 면에서 껑충 성장하기 때문입
니다. 일 년 사이에 뭐 그렇게 크게 달라질까 싶지만, 정말 많이
달라집니다. 1학년 때는 선생님이 모든 것을 가르쳐 주고, 알려
주고, 챙겨 주어야 하지만 2학년이 되면 그 정도가 아주 많이 줄
어듭니다.

　그럼 이제 2학년이 되면 달라지는 것들을 알아보겠습니다.

신체 활동을 즐기고 손 조작 능력이 좋아져요

"선생님, 오늘은 체육 안 해요?"

2학년 아이들은 운동하는 것을 무척이나 좋아합니다. 박수 한 번 치는 것만으로도 몹시 즐거워하지요. 그러니 달리기, 피구, 줄넘기 등 신체 활동을 하는 것도 무척이나 즐깁니다. 잘하든 못하든 상관없습니다. 운동하는 것 자체를 좋아하기 때문입니다. 그러므로 부모님들은 이에 맞춰 아이들의 신체 활동을 늘려 줄 필요가 있습니다.

또 2학년은 손의 민감성이 높아지는 시기이기도 합니다. 1학년이 가위질을 제대로 하는 경우는 별로 없습니다. 젓가락질을 제대로 못 하는 경우와 비슷한데, 악력이 약하기 때문이지요. 하지만 2학년이 되면 악력도 강해지고 손 기술도 발달합니다. 손 기술이 는다는 것은 조작 활동을 많이 할수록 좋은 시기임을 뜻합니다. 따라서 오리기, 붙이기, 만들기 등 아이의 두뇌 활동을 활발하게 하는 조작 활동을 많이 하게 해 주면 좋습니다.

칭찬에 민감하고 인정 욕구가 강해져요

선생님들 사이에서 많이 하는 말을 한 가지 더 들려 드리겠습니다.

"2학년은 두 배로 더 해 줘야 된다. 무엇을? 칭찬을!"

꾸중보다 칭찬을 두 배 해 주면 효과도 두 배가 되는 때가 바로 2학년입니다.

'칭찬은 고래도 춤추게 한다.'고 할 만큼 누구에게나 칭찬은 긍정적인 영향을 줍니다. 하지만 2학년은 1학년보다 그 효과가 훨씬 크게 나타나는 시기입니다.

왜냐하면 2학년은 1학년보다 자신의 학습 능력이나 시험 성적, 생활 자세 등을 잘 파악하게 되기 때문입니다. 전반적으로 자신의 학습·생활 수준이 어느 정도인지 알기 때문에 더욱 칭찬을 듣고 싶어 하고, 이를 위해 행동과 학습에도 변화가 많아집니다.

그 특성을 알기에 선생님들도 2학년 아이들에게는 칭찬을 더 많이 해 주는 편입니다. 그러니 가정에서도 칭찬을 많이 해 주는 것이 좋습니다.

학습 격차가 생겨요

2학년의 학습량과 학습 내용은 1학년과는 사뭇 다릅니다. 그양이 많이 늘어나기 때문에 격차도 생기고, 격차가 심해지기도 합니다.

2학년은 좋아하는 과목이 생겨나는 시기이기도 합니다. 그래서 국어는 좋아하는데 수학은 싫어하고, 수학은 좋아하는데 국어는 싫어하는 아이가 생기기도 합니다.

2학년은 1학년과 달리 지필평가를 치는 학교가 많습니다. 그래서 과목 간 학업성취도가 생기는데, 이때 학업성취도가 떨어지는 과목이라고 해서 싫어하게 내버려두는 것은 위험합니다. 지금 점수가 나오지 않는다고 해서 싫어하거나 포기하면 안 되기 때문입니다. 그러니 가정에서도 아이가 학업성취도가 낮은 과목을 싫어하지 않도록 잘 지도해 주어야 합니다.

놀이 학습에 적극적으로 참여해요

2학년 1학기 수학 교과서 첫 단원에는 이런 차시가 있습니다.

01. 세 자리 수
[6차시] 놀이 수학: 세 자리 수를 만들어 볼까요? (18~19쪽)

사실 2학년 수학 교과서의 모든 단원에는 '놀이 수학'이라는 공부가 들어 있습니다. 이 시간은 아이들의 함성이 터지는 시간입니다. 놀이와 게임 형태로 수업이 진행되기 때문입니다.

이처럼 2학년 아이들은 놀이로 하는 학습을 매우 좋아하고, 적극적인 태도로 수업에 임합니다. 그래서 놀이와 결합해서 수업을 하면 아이들의 집중도와 관심도가 무척 높습니다. 이러한 특성을 잘 파악해 가정에서도 아이와 공부할 때 되도록 놀이와 결합해서 하면 좋습니다.

부모에게 정서적 영향을 많이 받아요

"와, 엄마다!"

2학년 아이들은 학교에서 엄마를 만날 때 엄청 기뻐합니다. 알게 모르게 어깨를 으쓱하기도 하고요. 이는 비단 2학년에만 국한되는 특성은 아닙니다. 대부분 저학년 아이들이 지니는 성향이라고 볼 수도 있습니다.

이러한 아이의 특성을 고려해 시간 여유가 있다면 학부모회나 녹색어머니회에 참여하는 것을 권장합니다. 아이들은 내 부모님이 자신의 학교를 위해 활동하고 참여하는 데 자부심을 많이 느끼고, 부모님을 학교나 교실에서 본다는 것만으로도 기가 살기 때문입니다.

또 집에 갔을 때 부모님이 집에 있으면 정서적 안정감을 느끼는 시기이기도 합니다. 맞벌이 부부가 많은 것이 현실이지만 다른 방법으로 부모님의 부재에서 오는 스트레스를 줄여 주는 것이 아이의 정서에 좋습니다.

집중력이 높아지고 공간지각력이 생겨요

2학년은 1학년보다 집중력이 훨씬 높아지는 시기입니다. 5분가량 독서하는 것도 힘들어하던 아이들이 20분 동안 몰입해서 책을 읽을 수 있는 발달 시기이기도 합니다.

이는 수업 시간에도 비슷한 모습입니다. 1학년은 수업 시간에 집중하는 시간이 10분을 넘기기가 힘든데, 2학년이 되면 20분은 거뜬히 집중하는 아이들이 생깁니다. 그 수는 금방 더 늘어납니다. 집중도가 높아진 시기에는 독서 시간도 늘려 주는 것이 좋습니다. 억지로 책을 읽게 하지 않아도 스스로 집중해서 읽는 습관을 잘 잡을 수 있는 시기이기 때문입니다.

또 2학년이 되면 공간지각력도 많이 좋아집니다. 1학년보다 방향 감각 등이 발달해 혼자서도 학교 곳곳을 잘 돌아다니고, 학교 외 공간에도 친숙함을 느끼게 됩니다. 1학년은 교실, 급식실, 운동장 등 자신이 주로 다니는 동선으로만 다니는 모습을 보이지만, 2학년 아이들은 생활 동선 자체가 커져서 다른 공간에도 빠르게 적응합니다.

또래 집단을 형성해요

2학년은 함께 어울리는 또래 집단의 영향력이 강해지는 시기입니다. 1학년 때는 단짝이라고 해서 나와 친한 친구 한 명과 가깝게 지내는 경우가 대부분입니다. 그러다 2학년이 되면 대개 3~5명씩 또래 집단을 형성하기 시작합니다. 그렇게 친해진 친구들끼리 집에 놀러 다니기도 하는 시기입니다. 이는 여자아이들에게서 더 짙게 나타나는 특성입니다. 여자아이들은 여럿이서 같이 화장실을 가거나 운동장을 돌아다니는 성향이 강해집니다.

남자아이들도 비슷하기는 하지만 여자아이들보다는 그 정도가 약합니다. 대신 남자아이들은 1학년보다 신체 접촉이 빈번해지는 편입니다. 앞서 말한 생활 동선과 같이 행동반경도 커지기 때문입니다. 이때 신체 접촉을 과도하게 받아들여 몸싸움을 하는 경우도 생기는데, 심각한 수준이 아니라면 2학년 남자아이들에게 나타나는 특성으로 보는 것이 좋습니다.

잘 울지 않아요

2학년 담임을 하다 보면 상담할 때 이런 질문을 자주 받곤 합니다. 2학년 담임을 꽤 오래 해 왔기에 많이 받은 질문이기도 합니다.

"선생님, 우리 ○○이가 1학년 때 많이 울어서 걱정이 되었는데 2학년이 되어서는 잘 울지 않지요?"

이는 특히 남자아이들의 부모님이 많이 하는 질문인데, 저의 대답은 대부분 비슷합니다.

"지금은 울거나 하지 않습니다."

1학년 아이들은 무언가 잘 해결되지 않거나 자신의 뜻대로 되지 않을 때 쉽게 울곤 합니다. 그러면 선생님이나 부모님이 자신을 너그럽게 봐줄 거라고 생각하는 것이지요.

하지만 2학년이 되면 생각이 달라집니다. 신체 능력도, 손 기술도, 행동반경도 커진 만큼 대부분의 일을 스스로 해결할 수 있다고 생각합니다. 또 자신이 눈물 흘리는 모습을 보고 다른 친구들이 자신을 약하게 여기거나 놀릴 수 있다고 생각하는 시기이기도 합니다. 더 크게 보면 우는 것이 부끄러운 행동이라고 생각하는 시기이기도 합니다.

1학년을 잘 시작해서
초등 6년을 잘 마무리하기를

떨리는 마음으로 아이의 초등학교 입학을 준비하고 처음 학교에 들어서던 모습을 잊지 못할 겁니다. 이때부터 부모의 삶은 새로운 시작을 맞이합니다.

1학년을 위한 자녀 지침서를 집필하고자 몇 달 동안 꼬박 작업을 이어 왔습니다. 아마도 이 책을 다 읽을 무렵이면, 부모님은 자녀교육에 새로운 전환점을 맞게 되리라 생각합니다. 초등학교 1학년 자녀를 키운 학부모의 마음으로, 오랜 시간 1학년과 2학년 담임을 전문적으로 맡아 온 교사의 마음으로 이 책에 온 마음과

정보를 담으려고 노력했습니다.

초등학교 어느 학년이 중요하지 않겠습니까만, 1학년이야말로 학교생활의 출발점이며 생활 패턴이나 학습 능력, 인성이 가장 많이 형성되는 시기이기에 그 어느 때보다 중요합니다. 잘 다닌 1학년이 초등 6년을 좌우한다고, 심지어 대학 진학까지도 연결된다고 감히 말씀드릴 수 있습니다.

부모로서 아이들을 키우면서 꼭 알아야 할 교육적 지식, 1학년 담임을 하면서 깨친 1학년의 교육과정, 1학년 아이들의 특성과 특징 등 교사로서 경험한 모든 노하우를 이 책 한 권에 온전히 담았습니다. 자녀를 키우다 궁금한 점, 알아야 할 점이 있으면 이 책을 펼쳐 바로바로 도움을 얻으시기를 바랍니다.

1학년, 아니 초등학교 6년이 생각보다 훨씬 빠르게 지나갈 것입니다. 아이들 뒤치다꺼리를 하다 보니 1학년이 그냥 지나가 버렸다는 후회와 한탄을, 이 책을 읽은 부모님들만큼은 절대 하지 않았으면 하는 것이 저의 간절한 바람입니다.

더불어 이 책을 읽은 부모님들께 '내 아이의 인생에서 정말 소중한 초등학교 6년을 이 책 덕분에 잘 보낼 수 있었다.'는 공감을 이끌 수 있다면 저자이자 교사로서 더 바랄 것이 없을 것입니다.

지면이 한정되어 있어 이 책에 담지 못한 내용도 있을 겁니다. 또 1학년 자녀를 키우다 보면 궁금한 점이 더 있을 것입니다. 그럴 때는 언제든 저에게 이메일(tearletter@hanmail.net)로 도움을 요청하셔도 좋습니다. 내가 애쓴 하루가 내 아이의 미래를 결정짓는 오늘이라는 생각으로 독자 여러분 모두 열혈 학부모가 되기를 깊이 바라봅니다.

바쁜 학부모를 위한 1학년 핵심 지침서

초등1학년이 6년을 결정한다

1판 1쇄 인쇄 2023년 12월 14일
1판 1쇄 발행 2023년 12월 27일

글 박성철

펴낸이 이윤석
펴낸곳 아이스크림북스
출판등록 2013년 8월 26일 제2013-000241호
주소 서울시 서초구 매헌로 16 하이브랜드빌딩 18층
전화 02-3440-4604
이메일 books@i-screamedu.co.kr
인스타그램 @iscreambooks

출판사업본부장 신지원
출판기획팀장 오성임 **책임편집** 남영주
편집 김민경 **디자인** 김보현 **마케팅** 박훈·김참별
제작 ㈜한국학술정보

ISBN 979-11-6108-145-8(13590)